U0232513

基于社会化标注的个性化推荐算法研究

魏建良　著

科学出版社

北京

内 容 简 介

随着信息社会与数字经济时代的全面到来，越来越多的用户成为互联网信息内容的创造者，网络信息过载也日益严重。在此条件下，如何有效地过滤与选择信息成为时代性的挑战。标签作为一种用户视角的资源特征表述方式，成为个性化信息推荐研究重要的数据来源。本书首先对标签相关文献进行了系统回顾，然后以标签及社会化标注为切入点，应用派系聚类法和向量模型法，从用户间协同、用户多兴趣两个角度构建了若干个性化推荐算法。并在此基础上，结合 WordNet 进一步提出了面向语义优化的改进推荐算法。实验表明，本书所提出的算法具有更好的推荐效果。

本书适合对个性化推荐有兴趣的研究者阅读，也可作为互联网公司技术部门工作者的参考用书。

图书在版编目（CIP）数据

基于社会化标注的个性化推荐算法研究／魏建良著. —北京：科学出版社，2019.3

ISBN 978-7-03-060857-4

Ⅰ. ①基… Ⅱ. ①魏… Ⅲ. ①聚类分析－分析方法－研究 Ⅳ. ①O212.4-34

中国版本图书馆 CIP 数据核字（2019）第 049637 号

责任编辑：陶 璇／责任校对：杨 赛
责任印制：张 伟／封面设计：无极书装

科 学 出 版 社出版
北京东黄城根北街 16 号
邮政编码：100717
http://www.sciencep.com

北京虎彩文化传播有限公司 印刷
科学出版社发行 各地新华书店经销

*

2019 年 3 月第 一 版 开本：720 × 1000 1/16
2019 年 9 月第二次印刷 印张：11 1/4
字数：225 000

定价：90.00 元

（如有印装质量问题，我社负责调换）

前　言

当前，随着 Web2.0 中新应用的日渐普及，传统互联网的信息发布模式受到了越来越多的挑战。用户逐渐成为信息内容的生产者和组织者，用户生成和组织内容也成为互联网信息研究中的一个热点。其中，社会化标注（social tagging）是众多研究关注的焦点。允许不同用户对任何资源添加不受词表束缚的，同时又是基于自身理解的标签，促成了标签的流行与社会化标注的发展。可以说，社会化标注构建起用户与资源间全新的关联网络，并为信息资源的推荐提供了新的思路。具体表现如下：一方面，标签是用户对信息资源的理解，是用户偏好的主动表达和真实体现；另一方面，大量用户标注行为中所浮现出的主流标签，是主流用户对资源的理解，更为贴切和恰当地代表了信息资源的内容特征。

本书首先在对社会化标注的基本理论进行简单回顾的基础上，详细地考察目前基于社会化标注进行信息推荐方面的相关研究进展，主要是对其中的排序和聚类算法、用户模型构建及在标签语义改进等方面的成果进行梳理。然后，结合现有研究在用户模型构建方面的不足，提出两种新模型：用户协同模型和多兴趣模型。其中，用户协同模型是为了弥补用户在标注过程中所存在的偏差行为，通过吸收资源中的主流标签到用户模型，来达到偏差矫正的目的，使得存在标注偏差的用户与主流用户的认识达成一致，从而保证信息推荐的质量。同时，由于用户往往是多兴趣的，将多个兴趣主题的标签混合放置于同一向量模型中，极有可能产生标签间语境混乱，进而影响推荐的质量。为此，本书提出子兴趣的概念，通过派系过滤法（cluster percolation method，CPM）聚类算法对用户标注的标签和资源分别加以处理，识别出用户的多个子兴趣并确定其兴趣度。最终的用户模型表示为多个子兴趣集合的形式。

在此基础上，本书对用户协同模型和多兴趣模型算法加以模拟实现，构建相关的模型并给出针对具体模型的推荐。之后，结合用户参与评分的方法对算法的推荐效果进行评价。研究发现，基于用户协同模型的算法略优于现有的基于用户自身标签的算法，而基于多兴趣模型的算法则明显好于上述两种算法，原因可能是多兴趣模型中的子兴趣保持了资源主题的单一性，从而有助于找到更为相关的资源。

最后，鉴于推荐算法中存在的标签同义和多义问题，本书提出相关的解决策略，并进行实证分析。对于同义标签的处理，主要思路是借助 WordNet 找出与目标标签有相同含义的词，并将其吸收到推荐模型中。而对多义标签，则是结合 CPM 对标签进行聚类分析以识别多义标签。在此基础上，给出多义标签的邻居标签集并计算其与所在资源模型间的相似性，进而确定多义标签的具体含义，并将该含义对应的邻居标签集吸纳到推荐算法中。通过增加这种额外的信息，来克服同义和多义问题对推荐的影响。

目　录

第一篇　基　础　篇

第二篇　基础算法篇

第三篇　语义优化篇

第四篇　结　论　篇

第一篇　基　础　篇

本篇首先给出本书研究背景与意义，社会化标注可以为个性化信息推荐带来新的思路，并有助于提高信息推荐的质量。其次，对社会化标注的产生与内涵、机制、优势与不足等进行简要的介绍，重点对社会化标注的研究现状进行系统的梳理，包括标签的性质、社会化标注系统的相关模型、标签对推荐模型的意义、基于社会化标注的聚类和排序算法、标签的推荐、基于社会化标注的个性化算法、标签的语义分析等方面。

在此基础上，发现用户模型构建不尽合理和推荐算法中对标签同义多义问题考虑的缺失是现有研究中存在的主要不足。基于此本书提出主要关注内容，包括用户协同模型和多兴趣模型的构建，以及推荐算法中对标签同义多义问题的改进。

第1章 绪　　论

在 Web2.0 的环境下，社会化标注服务出现伊始，就在产业界得到了广泛应用，出现了书签（如 Delicious）、照片（如 Flickr）、视频（如 YouTube）、书籍（如 LibraryThing）、音乐（如 Last.fm）、引用（如 Connotea、CiteULike）、博客（如 Technorati）等众多新的应用与体验。社会化标注允许任意用户对感兴趣的网络资源进行基于自身理解的无约束标注，并且所有用户的标注都互为可见。这种开放、共享的模式及反映用户真实观点与偏好的标注为网络信息资源的组织和共享带来了一种全新的理念，它是一种大众智慧的体现，具有潜在的发展优势。

1.1 研究背景及意义

在信息技术的推动下，互联网在最近十几年经历了异常迅猛的发展。无论是网络的用户、带宽，还是内容的丰富程度，都已经得到了极大的提升。可以说，网络已经成为当前人们生活中不可缺少的一部分。特别是互联网上丰富的信息资源，为人们的学习、工作和生活都提供了很大的便利。据相关机构统计，截至 2016 年 3 月，全球至少有 46.6 亿个在线网页。但与此同时，人们在如何充分和有效利用互联网信息资源的问题上碰到了困难。尤其是在海量的信息面前，人们往往会变得不知所措、无从下手。

鉴于此，在互联网实践者和研究者的努力下，出现了分类目录、搜寻引擎，以及推荐系统等信息过滤技术工具，这些技术的应用，大大提高了用户查找和获取合适信息的能力。尤其是个性化推荐技术的应用，通过主动向用户推送其所感兴趣的信息，从根本上改变了用户获取信息的模式，提高了用户获取信息的效率。但是，传统的个性化推荐技术存在一些固有的不足，其中最根本的问题是不能及时、准确地追踪或描述用户的兴趣模型，从而影响信息推荐的质量。而伴随着 Web2.0 的兴起，互联网中信息资源的生产和组织方式都发生了一些新的变化，尤其是凸现了用户参与的重要性。这些变化，一方面，使得信息的组织更加面临挑战；另一方面，为推荐系统的发展提供了新的思路。

2003 年以来，互联网发生了一系列新的变革：从网络博客（weblog）出现，到博客（blog）、社会化标签、内容聚合、对等网（peer-to-peer，P2P）、维基（Wiki）、阿贾克斯（Ajax）、Web 服务、社会化网络软件等技术和理念的相继产生，形成了互联网应用的新一代发展趋势。特别是在其中的社会化标签领域，涌现出了许多标注服务与体验网站，包括书签、照片、视频、书籍、音乐、引用、博客等多个主题[1]。2005 年 9 月，Tim O'Reilly 较为全面地对 Web2.0 这一概念进行了阐述，作为对互联网环境中出现的上述新的技术理念与商业模式的概括。

2007～2009 年，标注书签网站 Delicious 和图片共享网站 Flickr 成为众多新兴的 Web2.0 服务中的先行者与佼佼者，标签（tag）也成为网络的一种新时尚。据美国皮尤研究中心（Pew Research Center）在 2007 年 1 月发布的调查报告，有 28%的美国互联网用户对在线的照片、新闻或者博客进行了标注和归类，一天中平均有 7%的用户称其对在线内容进行了标注或归类[2]。而根据著名的博客搜索引擎 Technorati 的统计，2006 年 3 月有 47%的博客日志运用了标签进行标注，并以平均每天 56 万篇的速度增加[3]。最近几年，标签更是在大范围内得到了应用，包括 Flickr、MovieLens、豆瓣等社交平台均将用户添加的标签作为信息生成的重要方式，仅一个平台中积累的用户标签的数量就突破几十亿个，许多平台甚至将自动标签系统作为了信息分类的重要支撑。

这种互联网的新变革给用户带来了截然不同于传统模式的体验。主要表现为：信息发布由传统的集中式发布向分布式发布演变，blog 等逐渐成为互联网信息发布的重要方式。同时，普通用户也开始从纯粹的内容浏览者向内容生产者与组织者身份转变，从互联网的被动接受者和旁观者慢慢转变为内容的主动创造者和管理者[4]。用户不再是被动地接受，而是变得主动且要求自己的需求能够得到个性化的满足[5]。这一点，在美国《时代周刊》（*Time*）2006 年所评选的年度人物上早就已得到了充分体现。2006 年 12 月 17 日，《时代周刊》选择了“YOU”作为年度人物。“YOU”指的是，互联网中的用户在网络社区及协作化行为上都达到了一个前所未有的规模。这是信息社会转变的标志，在网络中专业和非专业人员越来越共同致力于同一问题。

与此同时，传统的推荐技术一直存在部分固有的不足。传统的个性化推荐技术主要包括基于内容过滤的推荐和基于协同过滤的推荐两种方式。在建立用户兴趣模型方面，基于内容过滤的推荐最为典型的做法是抽取信息资源的特征值，如从文本信息中抽取关键词并计算词的权重，进而建立用户模型。基于协同过滤的推荐则是假设对部分相同资源感兴趣的用户其偏好是相似的，或者假设大部分用户对相似项的评分比较相似，则目标用户的评分也与其相似，进而基于这种相似性进行信息推荐。尽管这两种推荐方法为主动推送信息资源提供了重要支撑，但也都存在着一定的缺陷。特别是基于内容过滤的推荐只能抓取信息资源的表面特征，而不能确保对资源中深层或隐含信息的理解，从而无法保证用户兴趣模型的准确性。同时，在基于协同过滤的推荐中如果没有用户积极参与评分，或者评分信息难以收集，则无法进行有效的推荐。基于协同的过滤还往往面临一定的数据稀疏性和冷启动问题。

在新的网络形势下，传统推荐技术对用户模型的描述与现实之间的差异变得更为尖锐。一方面，用户已成为信息内容的重要生产者，信息的生产与发布不再是“权威者”的专利。这推动了信息资源在类型、内容及表达方式方面的极大丰富，但对于无偏差地从信息资源中提取客观内容变得更为困难了，进而导致通过内容过滤方法得到的用户兴趣模型有可能更大程度地偏离客观现实。另一方面，大量普通用户成为信息的生产者，推动了互联网中信息量呈指数式膨胀，并且这些信息是分散分布的。如果应用协同过滤技术对这些信息进行推荐，不仅面临着难以收集分散的评分数据的难题，还会受到更为严重的数据稀疏性与冷启动问题的困扰。

然而，Web2.0 带来的并不都是混乱，新的服务和应用的出现与流行必然有其合理性。社会化标注就为这种分布式的内容生成形式提供了有效的管理手段，并为推荐技术提供了新的思路。在介绍社会化标签之前，先讨论一下标签。标签类似于关键词，它是用户对发布的信息资源所添加的一种基于关键词的描述。但它与关键词不同的是，标签的添加不存在权限和词汇形式的限制。不仅信息发布者可以对信息资源添加标签，信息浏览者也可以对信息资源添加标签。任何用户可以对任意信息资源添加基于自身理解的不同标签。当有大量用户对大量的信息资源添加了标签，并相互之间形成共享和交互时，标签就具有了社会性，成为社会化标签。进一步地，将用户添加标签的行为称为标注，大量用户对大量资源进行的共享性标注行为，也就构成了社会化标注。概括地说，社会化标签具有两个明显的特征：一是在对资源添加标签的过程中，用户不需要遵循任何事先既定的分类法或者词表，所添加的标签可以完全是基于自身的理解的；二是每个用户的标注行为是开放和共享的，社会化标注将用户、标签和资源三者内在地联系了起来，形成了重要的关联网络。

与此同时，用户在社会化标注中往往倾向于对相似的资源添加类似的标签，因此，通过这些标签就可以找到相关联的资源，这在一定意义上形成了信息资源的分类法。信息构建专家 Thomas Vander Wal 将这种基于互联网的社会环境，并由大众用户产生的信息分类组织方式命名为 folksonomy，译为大众分类法。有研究者认为[6, 7]，由于大众分类法的产生，用户可以使用自己的词汇对信息资源进行标注，方便了资源再次查找和使用。更为重要的是，相同的标签能够聚合整个资源空间中的所有相似内容，实现资源的共享。基于标签的浏览更能让用户获得意外的发现，用户在浏览的过程中能够找到与自己拥有相同兴趣的用户，进而发现这些用户所标注的其他潜在兴趣资源。可以说，大众分类法的形成和发展具有明显的社会化的性质。

一般而言，标签是用户对资源内容的高度概括，蕴含了用户对资源特征的分析与重新表达。由于用户所具备的知识和经验，往往能够比基于词频分析的机器算法更能把握信息内容的中心词和重点，所以即使标签所用的词语在资源中的频率较低，也可能比那些词频较高的词汇更能反映信息资源的本质特征。对于标签的作用，有研究者认为，标签是一种由用户产生的元数据，但它又与以往由专家或文章作者产生的元数据不同，它能够直接、迅速反映用户的词汇和需求及其变化[6]。目前，Delicious 等标签服务网站已有大量的标签，足够让人们去发现隐藏在其中的模式。对单个资源来说，其标签的分布较为稳定，频率最高的那部分标签比例较小且稳定。根据一项研究的数据，10%的最流行标签覆盖了所有网页资源的84.3%[8]。尽管不能避免不同用户在标注过程中会存在不同认知的问题，但社会化标注的一致性会随着信息资源在互联网上流行性和收藏数的上升而提高[9]。此外，社会化标注中不用进行评分数据的收集，用户在进行标注的同时即明确了目标资源的标签信息。同时，信息内容在发布时就进行了标注，面临冷启动问题的可能性很小。

可以说，社会化标注中的标签不仅是对资源特征的良好描述，还能较好地代表用户的兴趣偏好，用户往往是对自身所感兴趣的资源进行标注。因此，通过社会化标注，建立相应的个性化推荐算法，是突破困扰传统推荐算法所面临问题的一个新思路。其潜在优势包括：第一，在社会化标注环境下，用户兴趣信息从原有的被动收集变为主动表达，其标注的资源都与其兴趣高度相关，因此，有可能建立更为准确、详细的，能反映用户真正偏好的用户兴趣模型[10]。第二，社会化标注系统中，无论是流行资源还是新添加的资源，都会有一定数量的标签存在。这些标签不仅是对资源的描述，还可以将目标资源和用户与其他资源和用户联系起来，从而有可能从根本上解决信息推荐中的冷启动问题。第三，基于社会化标注的推荐算法，通过大量“用户—标签—资源”间的关系网络，有机地整合了基于内容过滤与协同过滤算法的思想，具有内在的固有优势。

1.2 社会化标注的相关理论

本节对社会化标注的基本理论进行介绍，主要包括社会化标注产生与内涵、内在机制、优势与不足等。

1.2.1 社会化标注产生与内涵

在讨论社会化标注之前，首先了解一下标签的来源。标签并不是最近出现的新鲜事物，特别对于图书馆馆员、编目者和专业分类人员而言，标签的使用已有较长历史，但是其所用的标签是受控的，而且没有体现出社会性。而本书所指的社会化标注，是指在Tim O'Reilly于2004年首次提出Web2.0概念后，大量用户通过添加关键词到信息资源并体现Web2.0核心思想的行为，同时可以实现对资源的自动分类，这是一种无须可控词汇但有效的主观索引。在这种新的方式下，每一个用户都在进行标注，而不再是一小部分专家进行标注，标签走向了公开化，并形成共享[4]。

最早对社会化标注的关注起源于1997年Keller等建议通过协同方法加强网络浏览器的书签功能[11]。之后，Bry和Wagner也开展了一项类似的研究[12]。受此启发，Joshua Schachter在2003年年底开始了第一个社会化标注服务网站，也就是现在的Delicious。随后，许多不同主题的社会化标注网站与系统开始建立。

社会化标注在英文里有着较多类似的表述，如social bookmarking、social tagging、social annotation、collaboration tagging、folksonomy、social classification、social indexing等。在这些概念中，除social bookmarking的对象为书签外，其余的概念都表达了类似的内涵，其对象不仅可以包括书签，还涵盖了图片、视频、参考文献、博客、图书等众多互联网资源。从理论而言，所有的网络资源都可以用社会化标签进行标注。

在上述表述中，social bookmarking、social tagging、social annotation和collaboration tagging侧重描述的是社会化标注的行为，强调标注行为中体现的协同性。而folksonomy、social classification、social indexing则侧重于对标注结果的描述，强调的是标注对资源分类所产生的影响。其中，最有代表性的是folksonomy。folksonomy是由Thomas Vander Wal在讨论Flickr和Delicious所发展的信息架构时，将folks和taxonomy组合而成的新词[13]。他称这样的架构是由下而上的社会性分类（bottom-up social classification）法。其中，folks本意指一般人、大众等，而-sonomy则是由taxonomy演变而来，表示一种有系统的、专门的学科知识。将两者合而为一的意义是：由大众所产生的一种分类知识。另外一种看待folksonomy的方式是，如果将taxonomy看作分类系统的全部，那么本体（ontology）是为分类系统的架构指定正式的名称，并使这些名字能合适地描述架构。而folksonomy则有点像人们按照自己的方式对这些架构命名，然后采用最为流行的那个名字。因此，folksonomy是一种综合的行为，而不只是创造标签[14]。

根据维基百科（Wikipedia）的定义，大众分类是指协同创造和管理标签，实现对内容进行标注和归类的方法与实践。其中突出说明三点：第一，标签是由个人用户所创造的，而且标签的选词是根据用户对信息资源的理解，在形式和内容上不受已有词表的限制，即大众分类是由用户所建立的无结构的扁平词表[15]；第二，标签和标注的环境是基于共享和开放的，任何用户可以对任何资源进行标注，且标签可以相互可见；第三，大量个人用户的标注行为通过碰撞与融合，形成了社会性，资源实现了标签条件下的自动归类。可以认为，大众分类是一种基于互联网的信息检索方法，是由用户合作创建，并由开放端标签所组成，将网页、在线图片、网页链接等众多的网络内容加以分类的方法[15]。

可以看出，在社会化标注中，主要的对象有三个，即用户、资源和标签[16]。用户包括资源的创建者、标注者或使用者。在社会化标注系统中，绝大部分的用户是互联网的普通使用者。资源是指存在于互联网中的各种类型的信息，如网页、文献、博客、图片、视音频等资源。标签是指用户所选择的进行标注的词汇。尽管这些词汇源自用户的语言，通常具有随意性和多样性的特点。但是它们是基于用户对事物的理解，往往更为真实地体现了用户的需求，并能迅速反映用户需求的变化。在社会化标注中，标签不仅能够聚合类似的资源，推动用户社群的形成，更为重要的是建立了一条连接用户与资源的纽带。正如 Bateman 所指出的，社会化标注不是添加关键词的简单行为，它是大量用户对事物特定看法的词汇。因此，通过观察社会化标注行为，包括用户、标签和资源及它们之间的联系，就可以得到比简单的关键词更为丰富的视角[17]。

在图 1.1[18]所示的标注系统模型中，将社会化标注看作一个系统，其中的元素就是用户、资源和标签，通过标注行为建立了三者间的联系。具体而言，用户通过在资源中添加标签而建立了用户与资源间的关系（图中实线），这种关系是社会化标注系统运行的基础。相同的标签被运用于不同的资源，表明在用户的认知中这些资源可能具有某种共性。而使用相同标签的用户，特别是当他们对特定的资源使用相同标签时，表明他们的知识体系有某种重合，因而标签能够帮助用户

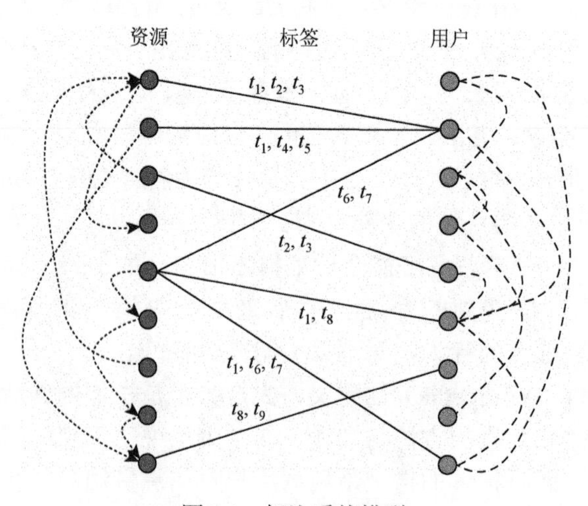

图 1.1 标注系统模型

发现具有“共同兴趣”的群体。同样，即使不同用户对同一资源使用不同的标签，这些标签之间也可能存在同义或相关的关系。此外，通过标签或者用户，资源之间也可以建立相互间的联系（图中左侧虚线）。同时，通过标签和资源，不同用户间也可能存在关联。当然，这种联系也可能是独立的，即用户在现实中就属于同一集团，或者加入了同一个社区（图中右侧虚线）。

应当意识到的是，并不是所有的标注行为和个性词表都能使得一个共同的大众分类出现，因此有必要找出广义和狭义大众分类的区别[15]。事实上，Wal 给出了两种类型的大众分类，即广义大众分类（broad folksonomy）和狭义大众分类（narrow folksonomy）两种[13]。广义大众分类最为典型的代表是 Delicious，如图 1.2 所示。在广义大众分类中，每个用户可以对任一资源添加标签，这样的系统中常常是大量用户对同一个资源进行标注[19]。这些用户一般都具有不同的知识结构和兴趣领域，他们所标注的标签都是基于个人的特定背景。一般而言，使用类似的标签对相同资源进行标注往往代表了这些用户具有某种相同的偏好，这种类似的标签体现了用户对资源的多个角度的描述，从而加强了资源的可检索性。同时，大量用户根据其所标注的标签就可以分化为一个个小团体，从而为寻找相似用户提供了途径[15, 20]。广义大众分类的缺点是采用大量不同的关键词描述事物，以及由此而产生的分散性，会使寻找特定信息变得困难[20]。

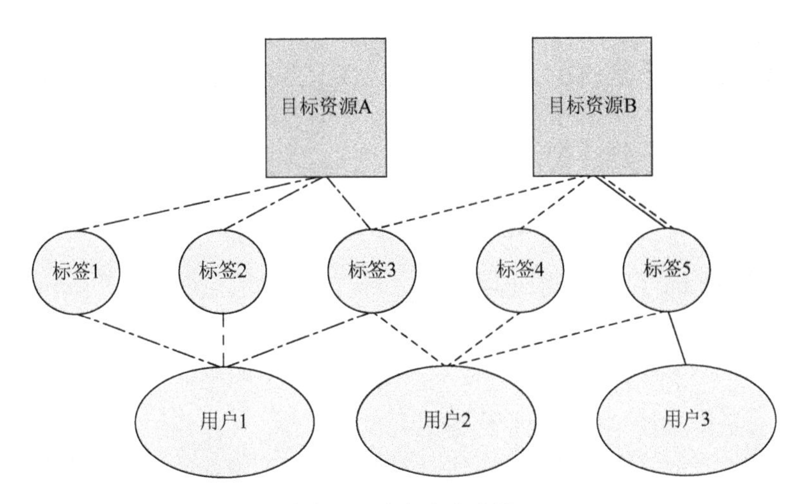

图 1.2 广义大众分类

狭义大众分类的典型代表是 Flickr，如图 1.3 所示。在 Flickr 中，虽然图片和标签可以被所有用户查看，但对某一图片只有其所有者和该所有者定义的“好友”才拥有添加标签的权力[19]。因此，在这样的系统中，对单个资源一般都只标注了较少的标签，但每个标签所对应的资源数相对较多，而且标签所用的词汇往往很相似。因此，尽管缺少了广义分类法中词汇的丰富性和多样性，但在狭义大众分类法中利用单个关键词就能较为准确地找到相关资源[20]。狭义分类的缺点是对资源进行描述的标签较少，且缺少交互性。一般只能在社区的小群体中运行较好，在大的系统中的效率并不高[15]。

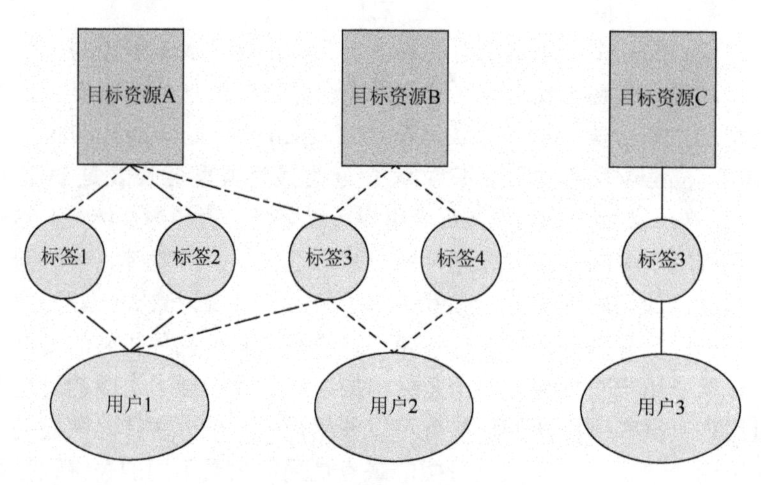

图 1.3　狭义大众分类

应当说，标注的权限和用户规模大小是广义和狭义大众分类法的根本区别。根据用户规模和对资源的权限设置的变化，狭义分类法可以逐渐向广义转化。同时，随着社会化标注网站中资源的日益丰富，以及对资源共享的追求，广义的大众分类将越来越成为标注系统发展的主流形式。本书所讨论的社会化标注指的是广义大众分类中的标注行为。

1.2.2　社会化标注的内在机制

1. 用户对资源的标注

用户对资源添加标签是社会化标注实现的基础。用户添加标签的最初动机是管理个人信息资源、方便资源的再次查找和使用。标签的用词代表了用户对资源的描述或理解。标签可以是用户认为对自身有意义的任何词，或者是对资源在抽象意义上的理解或概括，无论该词在资源中是否出现。

用户对资源所添加的标签对于信息推荐而言意义显著：一方面，标签真实地体现了用户对资源的理解和概括，具有较高的可信性；另一方面，标签也充分折射出了用户兴趣，标签的集合往往可以作为用户兴趣模型的一种表达。

此外，很多的实证研究指出，无论是用户对标签的使用，还是在单个资源中标签的分布都呈现出幂律分布的规律：具有用户共识的一小部分标签被大量用户多次使用，因此具有较高的使用频率；与此同时，也存在大量“冷门”的标签，这些标签仅对少数用户甚至个人有意义。尽管这些标签的使用频率很低，但在数量上比高频率标签庞大很多，形成了标签分布上的“长尾”。

2. 开放与共享下的标注

在社会化标注中，如果用户标注的行为没有进行开放和共享，那么其与传统的关键词就没有任何实质性的区别。在某一用户标注的基础上，其他用户不仅可以对该用户所标注的标签、资源进行浏览，还可以实现对该资源的再标注。具有相同知识结构或兴趣爱好的用户对某些事物存在一致的认识，并会对相似的资源倾向于使用类似甚至相同的标签，这一点在面向专业领域的标注服务网站中表现得更为突出。如在 CiteULike 中，对同一主题有着相同兴趣的研究者往往标注了相同的词汇。

与此同时，通过浏览其他用户所标注的标签及所关联的资源，用户不仅能发现一些新的感兴趣的资源，更为重要的是，通过资源中标签的浏览，用户能潜移默化地学习其他用户对事物的认识与理解，包括通过热门标签所反映出的大部分用户的观点，以及部分权威用户的标注行为等。在这个过程中，一方面，用户会调整和改变自己的认知；另一方面，其他用户也会借鉴该用户的标注特点，形成用户间的协同。该交互过程的不断往复，就会在用户间形成对于特定领域的共识，原本多样的用户自然语言会表现出一种趋同与收敛性，从而反过来促进资源的共享。社会化标注允许用户访问其他用户，以及这些用户所标注的资源和标签[15]。可以说，社会化标注区别于传统的关键字或索引，根本原因在于其社会性交互。通过用户的标签，不仅能查询用户所标注的资源，还能找出对这些资源进行了标注的用户及其所使用的其他标签，以及这些用户所标注的其他资源。因此，通过社会化标注，用户不仅能找到显在的感兴趣资源，而且有可能开发出潜在的兴趣资源。

3. 大众分类

用户的标注行为在共享和开放的环境下会越来越趋于一致，因此，具有相同兴趣主题的用户就会日益倾向于使用类似的标签对相似的资源进行标注。这给标注系统带来了三个方面的影响。一是相似标签类的出现，用户使用稳定的标签集合对资源进行标注，且其频率与比例在全部标签中较为稳定。在这些共识性标签的框架下，资源得以分类。二是使用这些相似标签的用户，形成了用户类。这些用户运用了相似的标签，标注了相关的资源，因而被认为具有相同的兴趣。三是由用户和标签所决定的资源类，标注了相同或相似标签的资源常常被认为是主题相似的。而相似用户所标注的资源，尽管可能会受到用户多兴趣性的影响，但仍然在较大程度上是标注了相关类的资源。

4. 标签的动态性

标签是社会化标注中的核心，标签的数量、热门程度和分布都会随着时间的变化而动态演变，从而推动社会化标注系统的发展。动态性主要表现如下：一是随着用户和资源规模的扩大，新的标签不断进入系统，用户对标签的使用个数与频率的改变，反映了用户兴趣及其变化。二是部分标签被越来越多的用户使用，成为热门类目。而那些只对个别用户具有意义的标签的使用频率则较低。在一段时间之后，热门标签使用频率的增长逐渐趋缓，大部分标签最终淹没在标注系统中。三是随着用户认知的趋同，会出现相似偏好的用户类和资源类，促进信息的共享与查找。

1.2.3 社会化标注的优势与不足

社会化标注的出现，为互联网信息的管理提供了新的手段，普通用户不仅成为信息的生产者，也成为信息资源的管理者。可以说，新的工具、理念的出现，总是会给原有的生态带来碰撞与冲击，并有可能产生新的解决问题的方法。但是，新的方式方法也会有其固有的缺点，或者尚不够完善之处。在此，在分析社会化标注所具有的优势的同时，也对其不足进行相关的剖析。

1. 社会化标注的优势

（1）标签可以完全使用自然语言，不需要一个事先定义的本体或者词汇表。用户、创建者和阅读者都可以用自己所偏好的、当前流行的或反映当地用法的词汇来标注内容[4]，而不是传统杜威分类法中规定的术语[20]。一方面，用户根据自身理解所选的词反映了用户的真实兴趣，用户将会重点关注对自身有价值的资源；另一方面，社会化标注不再要求标注者具有专门的关于本体和词汇学的背景知识。普通的网络用户就可以直接参与标注，这也大大降低了传统标注的门槛，并奠定了社会化标注的用户参与性。用户通过参与标注，设计对自己有意义的词，就能生成更有直觉性的分类及内容检索，实现对个人信息或知识的管理[15]。

（2）同一项资源可以对应多个标签，这些源自不同用户的标签形成了对资源的多维度描述[4]。这就增加了分类的灵活性，同一资源内容可能被置于不同的目录中。例如“暹罗猫”，可能被标引为“暹罗猫”或“猫”，也可能在“猫科”或“动物”等更具一般性的类中。在社会化标注中，还可以根据对象的特征属性进行标注，而不仅仅是属于某一个类[20]。例如在“暹罗猫”的例子中，还可以将其标注为“短毛”或者“白色”。

（3）用户对资源添加标签不再仅仅是个人行为，而成为一种基于共享的协作。多个用户对相同或类似的资源进行标注，进而涌现出一些被多数用户共同使用的“热门”标签——它们反映的是用户对同一个或同类型事物所形成的共识，可以认为是一种大量用户所产生的元数据。这种对资源的共同认识，有利于在用户间提高资源的共享性[15]。同时，标签在汇总后，可以共享并创造知识[4]。此外，标注系统也容许少数人的兴趣存在，即在基于用户的资源分布上体现出“长尾”的特征。

（4）标签总是处于动态变化之中，其数据是增量式的，用户可以使用目前新出现的词汇进行标注，因此可以较好地适应动态的万维网。由于用户的广泛参与，标签总能反映现实资源的快速变化。研究表明，在社会化标注系统中的信息资源，往往比普通网页能在更短的时间内到达流行顶峰[21]。

（5）社会化标注所形成的大众分类具有社区聚合的功能，能够帮助用户发现相同的关注内容，或者具有相同兴趣的其他用户，从而形成特定的社会群体，并且这种群体的分类是普通用户熟悉的[22]。通过浏览其他用户的标签及其标注的资源，用户还能发现其所感兴趣或潜在兴趣资源，获得意外（serendipity）发现[15, 20]。

2. 社会化标注的不足

同样地，社会化标注系统的不足也源自其大众性和用户参与性，主要包括标签的同义和多义、缺乏层次性、合成标签问题、缺乏标准的结构及基准的波动等。

（1）标签的同义和多义问题，也有研究者将其称为不严密或不可控[22]。同义词和一词多义是语言中一个非常普遍的现象。同义词为描述各种现象提供了多种选择，在社会化标注中，不同词往往会被用于描述同一概念[4]，这些词一方面为资源提供了更为丰富的描述信息，但同时也造成资源的分散或属于不同的类别，并给用户查找资源带来不便。而多义标签则容易造成更大的困惑。在具体的语境中，我们较为容易辨别出多义词的具体含义，但缺少语境信息本身就是社会化标注的不足[23]。语境的缺失会造成标签理解上的混乱与歧义，使用户不能确定目标标签的具体含义。

（2）标签缺乏层次性[4, 22]。标签与标签之间是平等的关系，因此整个大众分类是一种平面的结构，缺乏层次性[21]。同时，标签之间也没有预先明确地定义任何相关关系。这种松散的结构及其形成的分类导致其推理能力有限[23]。

（3）合成标签问题。部分标注系统只允许使用单个词进行标注，即不允许空格的存在。这一方面不利于表达复杂概念，另一方面则出现了很多合成词和叠加词[24]。例如在 Flickr 中，存在一个名为 viewfrommywindow 的标签，这种类型的标签只对个人有意义，但这类做法普遍存在[4]。这些都对标签和资源的共享形成了阻碍。

（4）标签没有标准的结构[25]，表达同一内容的词经常会出现多种形式。例如，nyc、NewYork、newyorkcity 和 new_york 等词都表达的是同一概念，但在形式上却大相径庭。此外，拼写错误导致的误标、复数、缩写词等情况也是阻碍共享的原因[24]。

（5）基准的波动，即对于上下位词混合使用。对于一个文献而言，如用 programming 可能显得太宽泛，而用 Perl 或 JavaScript 则可能对于某些用户而言过于专业。不仅如此，相同标签可以被不同用户用于不同层次的描述，即使同一用户在不同时间也会如此。此外，用户对标签的选择会随着趋势而改变，如对 blog、blogging、weblog 等标签的使用[4]。

1.3 本书的内容安排

用户模型是推荐技术的关键，只有建立真正能反映用户兴趣的模型，或者最大可能地逼近用户的真实需求，才有可能做到高质量的推荐。本书拟在弥补目前社会化标注推荐中用户兴趣模型存在的不足的同时，为推荐算法中标签存在的同义多义问题提供解决思路。本书共四个部分。

1. 基础篇

第 1 章是绪论。主要是对本书研究的背景及意义，社会化标注的相关理论进行系统性的梳理，包括社会化标注产生与内涵、内在机制，以及社会化标注的优势与不足等。

第 2 章是相关研究进展，主要围绕社会化标注的标签、标注系统模型，以及排序、聚类算法，个性化标签与用户推荐模型等进行综述。在此基础上，指出了现有研究在用户模型构建、推荐算法语义改进等方面的不足。

2. 基础算法篇

第 3 章主要是用户协同模型的构建。通过对 Delicious 标注数据的频率和内容分析来验证用户标注中存在的偏差行为，包括标签的内容偏差和形式偏差。如果以存在偏差的标签为数据来源建立用户模型，势必影响模型的推荐效果。用户所标注的某项资源必定会有多个标签存在，而且会有若干标签的频率比较高。这些频率较高的标签显示了大多数用户对资源的理解，我们将其称为热门标签，在赋予了这些标签相应的权重后，得到资源的主流标签。这些主流标签有助于矫正标注偏差所带来的影响，因此，通过吸收资源中的主流标签，构建以向量空间模型为表示形式的用户协同模型。同时，即使用户的标注行为是适当的，其标注的标签本身就应在热门标签中，本书的处理也不会显著地影响相应用户模型的特征，反而在一定程度上能提高模型的覆盖率。有文献指出，用户使用更具有共享性的标签进行标注是十分有利的[26]，这也为本书的模型构建提供了相应的理论支撑。

第 4 章主要是用户多兴趣模型的构建。通过对 Delicious 数据的标签数量和内容分析验证了用户的多兴趣性，同时应用 CPM 从标签和资源两个角度分别进行聚类分析，得到标签和资源的不同类别，并将这些不同类别看作目标用户的各个子兴趣。在此基础上，提出用户子兴趣度的概念，认为用户对不同的子兴趣有着不同的爱好程度，用户的兴趣有主要兴趣和次要兴趣之分，并结合子兴趣所包含的标签数或资源数给出了子兴趣度的衡量方法，最终构建出用户多兴趣模型。

第 5 章构建了标注系统中的资源模型，具体是采用主流标签的策略，并结合社会化标注的特点，对传统推荐算法中较为成熟的词频-反文档频率（term frequency-inverse document frequency，TF-IDF）权重计算方法略加调整后，为标签赋予权值。在此基础上，应用余弦系数法计算相似度，分别进行用户协同模型和资源模型的匹配，以及用户多兴趣模型与资源模型的匹配。最后，按相似度的大小给出资源排序和推荐结果。

第 6 章是对推荐算法的实现。以 Delicious 网站中用户“ahmedre”为例，对基于社会化标注的个性化推荐算法加以模拟实现。主要是给出了资源模型、用户协同模型和多兴趣模型下的模型具体表示，并进一步运用直接匹配的策略对模型进行相应推荐。最后，结合用户参与评分的方法对算法的推荐效果进行评价。

3. 语义优化篇

第 7 章是对推荐算法中标签所存在的多义问题的处理。在某种程度上，社会化标注也可以说是一把双刃剑。一方面，用户对资源进行标注的过程体现了用户的兴趣和需求，同时这些标注行为也是建立在用户对资源特征的理解之上的。但另一方面，用户在标注中也会存在标签滥用的行为，并且部分标签的用词会存在同义或多义的问题，这些问题有时会严重影响模型的质量及最终信息推荐的效果。鉴于此，本书对推荐算法中标签存在的多义问题进行了处理。首先，对标签进行预处理，将各种形式的标签转为其单词原形，同时删除标签中的一些具有简单错误或无意义词，以提高模型的匹配率[27]；其次，通过结合 CPM 对标签进行聚类分析，并将类与类之间的重合标签定义为多义标签；再次，给出多义标签的邻居标签集并计算与其目标资源模型间的相似性，以确定多义标签的具体含义；最后，将邻居标签集吸收到推荐算法中。

第 8 章是对推荐算法中标签所存在的同义问题的处理。主要思路是借助 WordNet

找出目标标签的同义标签集，并将其吸纳到资源模型中，以增强同义标签在查找时的覆盖率。在此基础上，给出基于同义扩展的个性化信息推荐算法。

第 9 章是多义与同义优化算法的实现与评价，提出了一种基于标签推荐质量值的算法评价方法。

4. 结论篇

第 10 章对本书相关的研究工作进行了总结，指出本书研究中所存在的一些不足，并对未来的研究进行展望。

第 2 章　相关研究进展

推荐系统（recommender system）是一种为了减少使用者在搜寻信息过程中所附加的额外成本而提出的信息过滤（information filtering，IF）机制[28]。它不仅可以依据使用者的偏好、兴趣、行为或需求，推荐出使用者可能有所需求的潜在信息、服务或产品[29]，还可以将推荐系统与企业电子商务的营运架构整合，为企业带来许多潜在的利益。就当前而言，研究者在推荐技术的探讨上已经取得了大量的成果，特别是在基于内容过滤和协同过滤推荐方面，但同时也存在一定的缺陷。本书基于社会化标注进行信息推荐的分析，在此，先对传统的推荐技术进行简单介绍，分析其中存在的一些不足，进而将重点着眼于社会化标注的研究，试图通过社会化标注的相关思想来解决传统推荐中存在的问题。

2.1　传统的推荐技术

推荐技术的出现是互联网信息增长的必然结果。1995～1997 年，美国人工智能协会春季会议、国际人工智能联合会议、美国计算机协会（Association for Computing Machinery，ACM）智能用户接口会议和国际万维网（World Wide Web，WWW）会议等多个重要会议发表了多篇关于个性化推荐原型系统的论文，标志着个性化推荐研究的开始。1997 年 3 月，*Communications of the ACM* 组织了个性化推荐系统的专题报道，显示个性化推荐技术已经受到一定程度的重视。2000 年 8 月，*Communications of the ACM* 再次组织了个性化推荐的专题报道，对个性化推荐的研究也开始进入快速发展的阶段。

近几年来，特别是随着电子商务的全面铺展与深入，个性化推荐技术的研究进入了白热化的阶段，不仅产生了大量的研究文献，而且在实践领域也出现了众多应用系统。例如，电子商务领域的 Amazon、eBay、Dietorecs、EFOL、entrée、FAIRWIS、Libra，网页推荐中的 Fab、foxtrot、ifWeb，音乐推荐中的 CDNOW、CoCoA、Ringo，电影推荐中的 CBCF、Nakif、Moviefinder、MovieLens 等，众多的个性化推荐系统在互联网得到了广泛的应用。在上述纷繁多样的推荐系统中，其应用的核心推荐技术主要为两种：基于内容过滤的推荐和基于协同过滤的推荐。

（1）基于内容过滤的推荐（content-based recommendation）。基于内容过滤的

推荐通过比较资源与资源之间、资源与用户兴趣之间的相似度来推荐信息。该方法主要有两种方式：①基于特征。用相关特征来定义所要推荐的信息内容，定义方法可以采用向量空间模型、矢量权重模型、概率权重模型或贝叶斯模型[30]。系统通过学习用户已评价或关注过的信息内容的特征来获得对用户兴趣的描述，并且随着系统对用户偏好的学习而不断更新，使用的学习方法包括决策树、神经网络和基于矢量的表示等[31]。若信息内容与用户兴趣很相近，则向该客户推荐该信息。②基于文本分类。与基于特征的方法不同，基于文本分类的方法通过成千上万的文本特征（词汇与短语）学习来构建有效的分类器，然后利用该分类器对文本进行分类，若所分类别与用户兴趣相符则向用户做出推荐[32]。该方式主要用于网页和书籍等领域的推荐。

（2）基于协同过滤（collaborate filtering，CF）的推荐技术。基本思想是基于评分相似的最近邻居的评分数据向目标用户进行推荐。最大优点是不需要分析对象的特征属性，并且对推荐对象没有特殊要求，在数据密度达到一定程度时表现出较好的推荐质量。有研究者依据协同过滤技术所使用的事物的关联性，将其分为以下两类[33]。①基于用户的协同过滤（user-based CF）推荐。核心思想是假设人与人之间的行为具有某种程度的相似性，如购买行为类似的顾客，会购买类似的产品。②基于项的协同过滤（item-based CF）推荐。主要思想是根据用户对相似项的评分，来预测该用户对目标项的评分。它基于下述假设：如果大部分用户对某些项的评分比较相似，则当前用户对这些项的评分也比较相似。

尽管基于内容过滤和基于协同过滤的推荐技术为用户获取信息提供了全新的体验，并在很大程度上获得了成功，但这两种推荐方法也都存在局限性，如基于内容过滤的推荐技术只能分析文本资源信息，而对音乐、图像、视频等信息无能为力，且其对内容的分析也只是对表面信息的分析，无法保证能够获取准确的内容表达。另外，其推荐结果过于专门化（over specialization），不能为用户发现新的感兴趣的资源，只能发现和用户已有兴趣相似的资源[34]。同时，尽管基于协同过滤的推荐技术为音乐、图像、视频的推荐提供了思路，但该方法也存在一定的局限性[35]，主要包括：数据稀疏性问题，在用户对资源评分数据比较少的时候，算法推荐的质量比较低，特别是资源数非常多而用户数较少时该问题尤为突出；冷启动问题，当添加一项新资源时没有任何评分数据，基于协同过滤的推荐技术无法向用户推荐该资源。同样地，一个新用户没有对任何资源进行评分，也会使得基于协同过滤的推荐技术无法向该用户推荐资源。协同过滤还有一个不足是可扩展性问题，即算法性能会随着用户和商品数量的增加而下降，这在互联网这样具有巨量数据增长的系统中表现尤其明显。可以说，这些不足限制了上述两种推荐方法的使用，并在一定程度上影响了算法效率。尽管许多后续的研究对这些不足进行了完善与改进，但仍没有从根本上提出解决问题的思路。

2.2　基于社会化标注的推荐

社会化标注的出现，为用户与资源提供了中介桥梁。标签与以往推荐系统所能获得信息的不同之处在于：标签作为用户所选择的关键词，是用户对资源的理解。因此，标签既表达了标注资源的主要特征，又包含着特定用户与特定资源之间的关系，兼具内容与关联的特征。所以，将标签作为推荐技术的数据来源，有可能开发出同时具备内容过滤和协同过滤优越性的推荐技术。

或鉴于此，社会化标注在 2004 年一经出现，就引起了实践者和研究者的高度关注，并在短短数年就涌现出许多研究成果。尽管最初的研究只是对社会化标注的定义、分类、结构、性质等方面进行的较为基础的分析，但随后的研究在多个方向进行了展开，包括对社会化标注系统模型的研究、基于社会化标注的信息推荐、结合语义网和本体对社会化标注的分析、传统分类法与大众分类法结合的分析等。其中，应用社会化标注进行个性化信息推荐的研究也逐渐演变为一个热点。按照关注重点的不同，本书将社会化标注的相关研究进展分为两个部分：社会化标注基础理论研究和基于社会化标注的信息推荐。

2.2.1　社会化标注基础理论研究

本部分内容主要包括标签的性质、社会化标注系统的相关模型、社会化标注与传统分类的结合等方面。

1. 标签的性质

1）标签的质量

早期的部分研究围绕着标签质量展开。为对标签的质量进行更好的管理，有研究提出了一个标签分类设计的正式模型[18]，还有的研究则是给出了标签质量评价的若干标准[36]，包括：多方面的高覆盖性以确保查全率、最小的努力来减少浏览中的成本、高普及性来确保标签质量。同时，有研究认为一个好标签的评价方式是，通过奖罚算法进行反复的调整，同时也吸收其他来源的标签，如基于内容自动产生的标签。当然，对于那些质量较低的垃圾标签，也应有足够的重视，防止其影响标注系统的整体效率[37]。

近来的研究主要关注于实证，如 Yazdani 等基于用户标注行为与标签的热度，给出了 16 个区别性的特征来识别垃圾用户及其标签，并进行了相应的实证分析[38]。Toine 与 Vivien 对标签与受控词汇在检索书籍中的作用进行分析，基于 Amazon、LibraryThing 等数据，通过对 200 万本书的实验，发现标签与受控词汇两者均没有表现出常态的优越性，而是呈现出一种互补的状态[39]。类似地，文献[40]采用向量模型与余弦相似度，对 LibraryThing 中抽取的用户标签与美国国会图书馆标题主题词进行了相似度对比，发现两者并不十分相似。

更进一步地，还有研究者对标签是否反映资源的特征问题进行了探究，以实现更为真实的用户建模。例如，Mezghani 等对用户在资源中添加的标签的质量进行分析，以发现这些标签是否真实地反映资源的内容。半结构化的资源内容包含较为全面的信息，因此，作者采用 Delicious 中的半结构资源，基于一个已有的社会化适应分析框架中提出的用户兴趣识别方法，提出了一个新的识别方法。首先，针对一个具体的标签查询，经指数化过程生成相关资源。其次，对每一资源进行评分，评分由资源及其与标签的相似度计算得到。最后，检查查询标签所标注的资源，是否存在于由评分函数返回的 top*k* 个资源中[41]。

2）标签的类型

对于标签的类型，基本上使用者所提供的标签类型相当多元。根据比较主流的观点可以将其大致分为 7 种：主题、类型、书签建立者、修饰类别、主观感受、个人色彩及任务等[21]。此外，还有其他标签分类方法，如有研究将标签分为建议标签/自由标签、一般标签/具体标签、同义标签、语境（contextual）标签、主观标签、组织（organizational）标签等，并指出可以根据对标签属别的判断，来推断用户的层次，如创新、守旧、知识渊博或浅显等[5]。

3）标签的分布与演化

很多研究对标签标注的规律进行了研究。Wal 指出，在广义的大众分类中，标注资源的标签频率呈现出长尾曲线[13]，服从幂律分布[42]。有研究发现，频率最高的 1.1%的标签占所有标签的 50%[43]。还有研究发现，在前 100 个收藏次数后，每个标签在全部标签中所占的比例几乎不变[21]。同时，在经过一段时间后，对某一资源进行标注的次数会经历一次爆发[44]，而后又会趋于稳定。此外，不同用户所使用的标签集、标签使用频率及标签的类型都存在差别[21]。

4）对标签可视化问题的探讨

对标签可视化问题的探讨也是研究的热点，最为典型的是标签云，以及对标签云的扩展。例如，文献[45]给出了 Flickr 网站标签的可视化模型，能够让用户了解各个时间段中最流行的图片。文献[46]提出了一个在线的可视化工具，可以让用户了解标签云随时间的变化。还有研究提出了标签径柱（tagscape）的概念，具体是运用吸铁石的原理，通过吸引和排斥来找相关的资源[47]。同样是可视化的研究，文献[48]将标签的可视化扩展到了设计领域，其成果可显示动态的分类。

2. 社会化标注系统的相关模型

社会化标注系统模型主要描述的是社会化标注的组成要素与结构，这些模型也为其他的研究提供了框架。最初，Mika 在对由用户、标签和资源三者组成的大众分类进行分析时，提出了一个三分超图模型，$H(T)=<V, E>$，其中 $V=A\cup C\cup I$，A、C、I 分别代表用户、标签和资源；E 代表三者之间的关系。进一步地，为便于分析，Mika 将三分超图拆分为 3 个二分图，即 $AC=<A\times C, E_{AC}>$、$AI=<A\times I, E_{AI}>$、$CI=<C\times I, E_{CI}>$。并再进一步将其拆成单模（one-mode）网络，其目的是将用户、标签、资源三者表示成网络的形式进行分析[49]。例如，在确定用户的情况下，构建标签为点、资源为边的网络，或资源为点、标签为边的网络。该模型的提出，为后续的研究提供了一个较好的切入点。有研究认为，该模型还应该包括一个用于确定用户子标签（subtag）与上级标签（supertag）关系的变量，因此，模型变为 $F=<U, T, R, Y, *>$，其中 U 代表用户；T 代表标签；R 代表资源；Y 代表前三者的关系；*代表新变量，表示上下关系[50]。在此基础上，有分析者提出了更为一般的模型，$F=(U,T,R,Y,\prec)$，其中，U、T、R 分别代表用户、标签和资源；Y 代表介于三者间的关系，即 $Y\subseteq U\times T\times R$；$\prec$ 代表用户定义的标签间的层级关系[51, 51]。Yeung 等基于 Mika 的模型框架，详细分析了确定用户、标签、资源条件下的 6 种单模网络，并认为这类分析有助于确定用户偏好及减轻标签的同义、歧义等问题[53, 54]。在此后产生的推荐算法中，大部分算法都潜在或显性地应用了 Mika 的模型。

为使大众分类具有更多的信息，一些研究者提出了更多全面的模型，如 Gruber 给出的标注系统模型包括 5 个关系，标注（标注物、标签、标注者、来源、[+/−]），其中，标注物代表被标注的网络资源；标注者代表进行标注的用户；来源代表该标注来自于哪个系统；[+/−]代表该标注是反映了标注者的正面还是负面观点[55]。在该模型的基础上，有研究者提出上位标签本体（upper tag ontology，UTO）模型，并应用该模型的框架，从 Delicious 上爬取了结构性数据，并将其存入 RDF 文件中，以作处理[1]。考虑到标注系统的动态性与用户的集聚性，有研究认为，应当将时间[56]和用户组别（group）因素[57]也加入系统模型中，将模型表示为＜用户、标签、网站、时间＞和 $F=(U,T,\breve{R},G,\breve{Y})$ 的形式，其中，U、T、$\breve{R}$、G 分别代表用户、标签、资源和组；$\breve{R}=U\bigcup G$；$\breve{Y}\subseteq U\times T\times\breve{R}\times G$，代表这些集之间的关系。此外，还有一些研究从较为特别的角度出发提出相应的模型，如允许用户对标签和标签间的关系进行标注[58]，将社会友情关系纳入标注系统中[59]等。

社会化标注除了广义和狭义的分类外，有研究者还提出了另外两种不同的分类方法。

1）自我、准许和自由标注

从用户标注的权利而言，标注系统可以分为自我标注（self-tagging）、基于准许（permission-based）的标注和自由（free-for-all）标注[60]。自我标注，是用户仅为将来个人的检索而对资源进行标注的行为，如 Technorati 和 YouTube。基于准许的标注对用户的标注行为有不同层次和权限的规定，只有被准许的用户才能对目标资源进行标注，如 Flickr。这两种标注行为也被称作狭义的社会化标注。严格地说，它们部分或者并不支持合作性标注[21]。Delicious 提供了自由标注，允许任何用户对任何资源进行标注。自由标注也被称为广义的社会化标注[13, 61]。

2）集合模型和袋子模型

根据标签的加总，标注系统可以分为集合模型（set-model）和袋子模型（bag-model）。集合模型不允许标签有任何重复，系统显示给用户的只是某项资源上的标签集合，如 Flickr、YouTube 和 Technorati。与集合模型相反，袋子模型允许来自不同用户对同一资源的重复标签，如 Delicious[60]。

3. 与传统分类的结合

社会化标注所形成的大众分类与传统的分类各有利弊，传统分类法中的受控词表复杂且成本高，本体论“可操作性欠佳”，而大众分类法的优势则在于其体现了“有胜于无”（better than nothing）的理念[14]。因此，将两者进行结合的思想便应运而生。有研究将大众分类法与传统的等级列举式分类法和分面组配式分类法进行了详细的对比，指出三者适用于不同的资源和用户，大众分类法不会完全替代传统分类法，而是提供一个新的角度看待信息的分类组织方式及用户新的信息需求和行为，可以将其与现有的方法相结合[7]。例如，通过将大众分类法与受控词表相结合，就能有效解决大众分类法在检索效率、语义精确性方面存在的问题[3]。研究[62]也表达了相同观点，通过一个实例分析，认为大众分类并不能解决所有的问题，因此不能将大众分类法替代传统分类法，其合理的地位应该是传统分类法的补充。在后续的探讨中，研究者还给出了名为“facetag”的网站，该网站实现了传统分类法与大众标签的融合[63]，文献[64]也做了类似的分析。Golub 等的研究则更进一步，主要是利用杜威十进分类法对社会化标注进行增强，通过基于若干学生的实验分析，作者发现在标签添加、标注重点、强化一致性及增加检索点等方面，杜威十进分类法均呈现有益效果[65]。文献[66]则利用支持向量机（support vector machine，SVM）分类方法，将社会化标签与专家分类法等其他的信息加以综合利用，来探索构建一种新的分类方式。

2.2.2 基于社会化标注的信息推荐

目前，基于社会化标注的个性化推荐研究围绕着几个方面展开：标签对推荐模型的意义、基于社会化标注的聚类算法和排序算法、标签的推荐、基于社会化标注的个性化推荐算法、标签的语义分析、图片标注、在线学习、知识与品牌管理、心理与行为模式等。

1. 标签的元数据性及其对用户模型的意义

社会化标注之所以具有新颖性，在很大程度上是因为标签的应用。因而标签也就自然成为研究的热点。这其中最为首要的，便是对标签检索推荐作用的探讨。很多研究对标签的作用予以了肯定。有研究认为，了解用户的兴趣，只要将注意力放在与该用户相关的标签和资源即可[51]。可以说，社会化标注为了解用户打开了一扇新的窗户，通过社会化标注就可以掌握其信息需求和习惯[4]。进一步地，文献[27]在比较了作者元数据（标题、关键词等）与标签之后，认为标签比元数据更具有优越性，而且标签往往蕴含了原文中没有直接表达的内容。尽管目前受应用范围和领域的限制，标签的作用还没有得到深刻体现，但标签的确提供了传统信息源所不具有的信息[67]。只要具备足够大量的用户，标注系统的表现就能够得到改善[16]。在对标签的信息检索效果进行的实证分析中，研究者发现标签已具备良好的检索性能[68]，特别是在查全率和查准率两项指标上表现出色[69]。

对于任意一项资源而言，往往会有一部分高频率的标签。一方面，这些具有高频率的流行标签可以代表该资源的内容[60]。尽管不同用户在标注中存在不同的认知，但社会化标注的一致性会随着信息资源在网络中的流行性和标注用户数的上升而得以提高[9]。有研究者通过对 Delicious 等标签网站的分析指出，就单个资源来说，其标签的分布较为稳定，且频繁使用的那部分标签比例较小且稳定，10%的最流行标签覆盖了所有信息资源（URL）的 84.3%[8]。另一方面，用户对标签的多次使用也说明了用户兴趣浮现[4]。标注系统有可能收集到用户所标注的全部标签。因此，可以通过标注系统来分析标签进而丰富和扩展用户模型[70, 71]。有研究者更是直接指出，标签反映了用户对内容的看法及其兴趣，所以，其可以成为用户模型的一部分[72]，并为更加精确和具体的用户模型构建提供丰富信息[10]。还有研究提出，不同网站间可以对用户的标签信息进行交流，以便更好地建立用户模型[5]。

2. 聚类算法

用户标注的标签对于信息的分类具有十分重要的意义[9]，传统的基于社会化标签对网页内容推荐系统的研究，将关注点放在了标签的实际用词上。实际上，标签的本质信息并不是标签的用词，而是基于标签的网页内容分类/聚类[73]。在社会化标注系统中，主要涉及三种类型的聚类，即用户的聚类、资源的聚类及标签的聚类。其中以用户和资源的聚类尤为重要，标签的聚类实际也是为前两者服务。这些聚类的结果，不仅方便了相似资源或用户的发现[74]，也为进一步多用户多资源的推荐提供了条件。

1）用户的聚类

有研究者提出了多种不同的处理方法来识别用户社区。例如，Wu 等的研究指出，可以抽取以用户、标签、资源三者为顶点所构成网络的邻接矩阵，应用奇异值分解（singular value decomposition，SVD）方法，可以分析得到用户兴趣主题和其所对应的资源[75]。Diederich 和 Iofciu 通过 k 最近邻域法，通过计算用户模型的相似度得到相似用户[76]。也有研究基于用户-资源矩阵，通过计算目标用户与其他用户的余弦相似性，得到相似用户[60]。用户、标签和资源三者的关系可以表示为网络的形式，因此从网络的角度进行的研究并不鲜见。例如，可以利用复杂网络的社区划分，通过构建用户为点、标注为边的网络，利用社区内边比社区外边密集的原理，对用户进行社区划分[77]。Marlow 等认为，将网络进行切割有利于用户和研究者，结构等值（structural equivalence）、聚类和块建模（block modeling）都可以应用于社会化标注系统网络的社区划分[18]。其中，结构等值描述的是两个用户的相似性，这种相似性基于其各自网络的重叠部分[78]；聚类是通过寻找邻近小组而对网络进行切割的[79]；块建模则是通过网络中角色的相似性来寻找相似用户[80]。网络方法也有助于找出高质量的资源和权威用户[18]。

2）资源的聚类

关于如何应用标签对资源进行聚类，研究者提出了很多不同的方法。例如，有研究应用了支持向量机中的理论，使用标签代理（tag-agent）的方法对中文博客网页进行了分类分析[22]。Razikin 等的研究也应用了支持向量机作为分类器[69]。还有研究提出了名为“GroupMe！”的标注系统，在该系统中用户不仅可以标注资源，还可以通过“拉”或“丢”的操作，将资源分为不同的组[57]。

3）标签的聚类

文献[81]基于一种组合的最近邻居分类法，为标签分类提出了一种协同方法，指出其他用户的分类可以为目标用户分类提供借鉴。文献[82]则是应用潜在语义分析（latent semantic analysis，LSA）和奇异值分解方法分析了标签-资源矩阵，指出了标签之间所存在的相似性，并应用自组织神经网络（self-organizing map，SOM）方法对其进行了聚类处理，相似标签间的距离较近，从而显现出社区的特点。文献[83]运用马尔可夫聚类算法（Markov clustering algorithm）对标签共现网络进行了分析，实现对标签的聚类分析。

还有的研究则是将三者的聚类进行了综合分析。例如，有研究应用关联规则挖掘中的形式概念对用户、标签和资源间的关系进行分析[50]，进而得到相关联的用户、标签或资源集，该研究的缺点是社区的划分没有明确的界限。也有研究应用 KL 离散（Kullback-Leibler divergence）方法对标签对、用户对及资源对之间的距离进行计算[84]。而在非线性关系中，谱聚类算法（spectral clustering algorithm）是一种寻找聚类的有效方法[85]。

此外，一小部分研究更是从较为特殊的角度出发，文献[86]对社会化网络社区演化中的门槛现象进行了探讨。文献[87]则通过研究用户标注标签的不寻常模式（如相同词的不同表达方式）来识别用户社区。还有文献通过使用内容的聚类，发现在每个聚类中都有一小部分用户使用同样的标注描述其博客。该研究的核心内容是建立一个“Tr”评分，该评分是基于一个聚类中标注的频率，可以揭示该聚类主题的内聚性[88]。

3. 排序算法

有研究者认为，社会化标注为信息过滤和信息检索领域带来了一种全新的性能，标签是网页的简要描述，寻找相似的网页可以被认为是对多个标签的搜索，标签间的重合程度越高，网页就越相似[89]，因此，社会化标注不仅可以应用于信息资源的相关度排序[26]，还可以改进搜索和排序的质量[62]。从已有的成果看，可将其分为三类：依附补充算法、独立排序算法、通用排序算法。

1）依附补充算法

在初始阶段，一些研究将标签作为一种现有搜索手段的补充进行探讨，如将标签、分类和浏览进行集成[90]，三者作为相互补充的手段。而后，有研究对标签与 Google 的配合使用进行了探讨，先由 Google 检索出结果（URL），然后将这些 URL 在 Delicious 上找出相应的标签，将最频繁的标签作为关键词，利用 Google 组合式地进行检索，以此来验证标签的检索效率[91]。在结合搜索引擎 Maracatu 所进行的一项类似的研究发现，结合关键词和标签的检索，比单独的检索结果都要理想[62]。由于这些方法在处理上还比较粗略，以及 URL 在很大程度上受是否有标注的影响，一些研究者提出了将标注行为与搜索引擎相结合的方法，如在浏览器上安装一个插件，让用户对引擎反馈的 URL 进行标注，进而提取用户模型和资源模型，实现用户的个性化检索[92]。

2）独立排序算法

对标签在信息搜索方面再进一步的工作，便是提出相对独立的排序算法。在社会化标注系统中，资源的受欢迎度与该资源被标注的次数相关，标注越多，说明资源越受欢迎。而且通过标签可以对资源进行排序，并作为资源质量高低的一个标准[93]。基于该思想，Yanbe 等提出了基于标注次数的 SBrank 算法，并认为该算法可以弥补 PageRank 算法不能为新网页合理评级的不足，提出两个算法可以结合使用，以发挥各自的优势[94, 95]。实际上，该算法与文献[96]提出的欢迎度算法基于同一个思想。而后者的研究更为全面，还给出了一个相似度算法（SocialSimRank），其核心在于计算查询关键词与标签之间的相似性。这些基于社会化标注的算法的确具有其特有的优势，但同时也存在检全率与检准率的问题。文献[23]和文献[28]针对这两个问题，基于机器常识（machine common sense）方法，提出了相应的改进算法。值得提醒的是，关联性是社会化标注系统最为本质的特征，因此，在用户选定一个特定标签的情况下，可以通过分析标签的共现与频率，进而提取出一组标签以具体化用户的搜索行为，探索更为有效的搜索算法[97]，该思想实际上已与建立用户模型较为接近。

3）通用排序算法

有研究者还对通用的排序算法进行了探讨。基于 PageRank 的思想，Hotho 等提出了 FolkRank 算法，用以计算用户、标签和资源的重要性，其关键思想是，由重要用户使用重要标签所标注的资源，便成为重要的资源[51]。在进一步的工作中，他们分析了基于 FolkRank 的一个特定主题的演化趋势[52]。还有研究则对 FolkRank 算法进行了相应的补充，如通过新增加一个组（group）变量，对各个资源的排序进行了重新探讨[1, 98]，同时，也有研究对 FolkRank 算法性能进行了分析[83]。同样是基于网络的思想，有研究则是通过改进的超链接诱导主题搜索（hyperlink-induced topic search，HITS）算法，将用户、标签、资源作为点，其关联作为边，构建网络以探寻专家用户和权威性的资源[75]。

此外，还有从特别角度进行的研究，如有研究通过在企业中应用社会化标签，提出了一个ExpertRank算法，该算法能够根据用户对标签数量贡献的多少，计算出企业内专家的排名[99]。而为了抵制垃圾标签的影响，文献[37]构造了一个框架用于对标注系统和用户标注行为进行建模，并提出一种基于标注可信任声誉（reputation）的排序方法，实现对同一标签所汇集的所有文档进行相关度的排序。文献[100]则是对不同社会化网站中的用户进行识别研究，利用用户识别号及其标签信息，区别于词频-反文档频率及传统BM25（best match 25），作者通过一种对称变量BM25方法进行建模，以判断其是否为同一用户。在此基础上，利用平均倒数排名（mean reciprocal rank，MRR）与前k个成功率（success at rank k，S@k）作为评估模型排序质量的指标，基于Flickr、Delicious与StumbleUpon的真实数据进行了实证分析。

4. 标签的推荐

标签标注的质量，与信息推荐的好坏密切相关。因此，很多研究对标签的推荐进行了分析，以期通过标签的推荐来帮助用户标注相关的资源[36, 81]。在此将相关的研究大致分为三类：一是结合内容分析的推荐；二是借鉴协同思想的推荐；三是结合语义的推荐。

1）结合内容分析的推荐

内容分析已经是一项较为成熟的技术，而标签也是对资源内容的描述，因此，结合内容分析来进行推荐的思路便十分自然。Basile 等基于 Delicious 已有的推荐系统，提出了一种新的基于用户个人模型的推荐系统，该个人模型由用户已标注的标签形成，当用户进行新的资源标注的时候，这种新系统先分析该资源内容，然后比较用户已有的标注，进而提出新标注[101]。基于同样的思想，文献[102]使用了扩散激活（spreading activation）模型进行推荐。还有的研究结合个人计算机中的资料和用户正在浏览的网页，给出个性化标签的推荐[103]。

2）借鉴协同思想的推荐

协同过滤的思想也非常成熟，因此借鉴相似用户的标签进行推荐也成为一种思路。Mishne 在 2006 年的研究便是一例。该研究提出了一个名为“Autotag”的工具，在给定一个新的博客日志的前提下，通过传统信息检索中的相似性分析，识别出已发布博客中的相似日志。接着，将相似日志中的标签进行汇总和排序，并最终给出推荐[104]。该研究尽管是基于协同过滤的技术，但没有将用户直接考虑进来，因此也就不具有真正的个性化特征。Mishne 的研究是基于资源的协同，在基于用户协同方面，也有相关的探讨[105]。同时他给出了一种建立在 FolkRank 思想上的标签推荐方法，具体是通过给定一对用户与资源组合（U, R），推荐权值排名最靠前的标签顶点。也有研究从用户-标签矩阵入手，结合 k 最近邻域算法得到相似邻居，推荐排名最靠前的 n 个标签[106]。由于基于 Tucker 分解的推荐技术表现要优于 FolkRank 或 PageRank，但基于 Tucker 分解技术的缺陷在于其三阶张量导致的立方计算量。为此，Rendle 等提出基于成对交互的张量分解模型，运用贝叶斯个性化排名技术，对用户、项及标签之间的成对交互进行刻画，其实质是基于 Tucker 分解模型的特例，优点是无论在学习还是预测中均可以有线性的计算时间[107]。

针对协同推荐的不足，还有研究结合标签和内容分析两个方面来计算用户间的相似度，进而给出推荐[108]，可以说是同时结合了内容分析与用户协同两个方面。而为解决基于共现方法与基于内容的信息局部性缺陷，有研究者提出一个协同主题回归模型，对项-标签矩阵、项的内容进行整合。在此基础上，作者还利用层次贝叶斯模型对模型进行了扩展，将项之间的社交网络关系整合到模型之中[109]。还有研究者则为解决当前在社会媒介领域存在的文本标签的社会化影响力评分问题，以及推荐额外标签增加流行度问题，同时受到 FolkRank 与 PageRank 算法的启发，提出 FolkPopularityRank 算法，标签的得分不仅仅受到共现的影响，还将内容的流行性也加以考虑。实证研究发现，该算法可以在保证标签内容符合性的基础上，有效提升社会媒体的流行度[110]。

在协同思想的基础上，利用图论方法是其中的另一个分支。例如，文献[111]提出了一个可进化的超图模型，可实现对资源进行标签推荐，也可以利用标签来检索资源。基于该模型，研究者利用 Delicious 的数据对社会化标注网站的统计特征进行分析。Zhang 和 Ge 则应用图的方法研究了标签的个性化推荐，由资源与标签组成初始矩阵，通过应用转换矩阵方法，进行共现关系转换。在此基础上，将查询资源的标签分布映射成为用户查询图，以进行标签推荐。同时，为解决不能给用户添加新标签的问题，研究者引入协同过滤的方法，纳入目标用户的最近邻居[112]。

3）结合语义的推荐

第三部分的研究是从语义角度出发，通过语义的思想来进行处理。例如，文献[113]以概念作为过渡，在将标签分层级的基础上，向用户推荐标签。文献[114]通过将文档标准化为资源描述框架（resource description framework，RDF）的形式，从中提取出文档主题并与语义网中已有的本体相匹配，进而给出相应的标签推荐。文献[115]结合内容分析和多语言文本分析器（multilanguag E text analyzer，META）的语义处理，给出多个同义词供用户选择。文献[116]则是基于标注频率与标注语义，给出了四种不同的标注推荐策略。

还有的研究则是从其他方面对标签推荐进行关注。例如，有研究者对用户社交圈的标注进行关注，通过结合社交圈标签与社会圈网络的拓扑结构等 8 个特征，利用多元线性回归方法计算每一个标签的得分，进而将高得分标签作为社会圈标签[117]。尽管标签推荐技术已获得良好的进展，但多数研究还是缺乏对标签添加中认知过程的关注，因此，Kowald 通过对标注时的认知动态过程进行建模，模型的核心是宏观标注行为与微观标注行为间的交互，微观行为主要是对资源进行归类，并将其隐含的类别用关键词加以显性化，动态则是对给定的一个资源通过预先选择的词加以权值影响，宏观行为主要描述用户对其他用户的模仿。在此基础上，他基于一个现有的 TagRec 框架进行了实证分析[118]。

5. 个性化推荐算法

在基于社会化标签进行推荐方面，相关研究也是从开始的探讨标签对用户模型的意义[71]、概念模型的提出[119]，逐步发展为对具体算法或原型的分析。用户模型是个性化推荐中的核心因素，因此，对基于社会化标注的个性化推荐算法的考察，也遵从用户建模技术的不同来划分。

1）基于矩阵的处理建立用户模型

一般而言，标注系统间的关系在分解为三类矩阵关系（用户-资源、资源-标签、用户-标签）的时候，必然要损失部分联系和信息。但为了处理的便利，矩阵的表示方法还是在社会网络的文献中非常流行[59]。Xu 等的研究就是通过标签-资源矩阵来进行的，作者对标签-资源（URL）矩阵进行 LSA 处理，得到 k 维的紧凑矩阵，从而可以将每个 URL 都表示成主流标签向量的形式。特定用户的标签是通过加总这些标签所标注的 URL 向量而得到的，在此基础上计算用户标签和 URL 特征向量之间的余弦相似性进行最终的推荐[8]。为弥补损失的部分信息，在随后的研究中，作者进一步又提出了用高阶奇异值分解（higher-order SVD，HOSVD）算法将用户、标签、资源吸收到同一框架中进行分析，试图综合平衡各方面因素的相互影响。用户在选择一个特定标签时，该算法就可以为其推荐相应的资源，算法在一定程度上也减少了标签的稀疏性和同义性问题[120]。基于相同思想，还有研究通过矩阵扩展（综合用户-资源矩阵与用户-标签矩阵）的方法，提出一种基于标签的协同过滤推荐算法，综合多方面的关系进行分析[121]。但上述算法都没有把用户兴趣与资源主题加以区分，而实际上用户的兴趣是广泛的，因此，有研究在回顾了概率潜在语义分析（probabilistic latent semantic analysis，PLSA）和多维度（multiple-way aspect，MWA）模型两个概率模型后，建议将用户标签分为兴趣和主题两类，并提出了改进的主题兴趣模型（interest-topic model，ITM）[122]。

近来的研究则纳入时间因素。文献[123]构建用户-资源矩阵，并基于标签与时间信息，应用三种策略生成一个修正的评分矩阵。在此基础上，基于对评分矩阵的计算，作者利用余弦相似度方法生成用户之间的相似度，实现了相关资源的用户推荐。Wu 等则提出了一个基于社会化标注的层次化协同推荐算法，将用户兴趣融入动态时间建模，并将其应用到图书馆中。首先，基于动态的标注行为，形成兴趣转换曲线，进而对用户-资源-标签张量进行调整。其次，对用户-标签矩阵进行重构，抽取出备选标签。通过矩阵分解，构建用户与资源模型，运用朴素贝叶斯分类将具有最高评分的后续标签的资源推荐给用户[124]。

2）基于聚类分析建立用户模型

聚类分析是用户模型建立的重要手段，有许多研究者对此进行了探讨。Niwa 等借助传统的内容过滤分析，首先计算资源与标签的紧密度（affinity），再将用户所标注的资源-标签的紧密度加总，得到用户与标签的紧密度。然后计算各个标签之间的相关性并将相关标签进行聚类，加总后得到用户与已聚类标签的紧密度。同时根据各个已聚类标签计算得出要推荐的网页，结合先前的紧密度得到最终的网页推荐顺序[125]。对标签的聚类代表了不同主题标签间的分类，而对用户的聚类则代表了不同兴趣的用户组，相似用户或邻居用户的识别对于推荐而言无疑具有重要的意义。有研究以用户-资源矩阵为切入点，通过计算目标用户和其他用户之间余弦相似性，得到目标用户的相关邻居，进而形成一个目标用户的候选标签集。在此基础上，应用朴素贝叶斯法，结合标签-资源矩阵和用户-标签矩阵，计算出用户对特定标签的喜好程度。在综合各个标签的影响后，最终得出资源对用户的推荐度[60]。相似用户的兴趣也相似，因此可以通过了解相似用户对资源的标注为目标用户进行推荐，文献[76]在数字图书馆领域所做的研究便是一例。

除对标签、用户进行聚类外，对资源进行聚类也是一个研究的重要视角。例如，文献[73]基于标签对资源进行了内容聚类，并通过假设检验计算了不同聚类间的相似性。在这种相似性的基础上，给出了一个网页内容推荐系统。文献[10]则是运用贪婪算法（greedy algorithm），在对单个用户所标注的资源进行内容聚类的基础上，提取出已聚类资源的标签，并将标注频率最高的标签引入用户模型。而针对社会化标注面临的高阶交互、冷启动及数据稀疏问题，有研究者基于用户-评论-资源，以及用户-标签-资源之间的关系，利用一个通用的潜在因子模型，结合完全贝叶斯方法来学习模型中的参数，构建了一个前瞻性社会化标注系统模型[126]。为应对计算机处理器计算量过大这个社会化标注算法中普遍存在的问题，有研究者提出了一种粗糙聚类方法，来同时抽取非重合的用户类，以及相应的可重合的资源类，在此基础上，根据相应的排序得分，来实现对资源与用户的推荐[127]。文献[128]则是在前人的基础上做了综合，考虑到基于流行度的算法在计算量上比因数分解模型与随机游走模型要低，在比较了基于用户流行度、基于资源流行度，以及基于用户-资源混合流行度三种模型后，研究者提出了一种基于资源的混合流行度模型，针对某个目标资源，该模型可以生成一个个性化的用户模型。

3）基于网络建立用户模型

社会化标注系统中的用户、资源和标签可以构建成网络的形式，包括用户为点（边）、标签为边（点），用户为点（边）、资源为边（点），或者是标签为点（边）、资源为边（点）的网络。因此，网络方法也成为一种处理手段，特别是以网络为主要研究对象的复杂网络理论及其中的社区划分理论。在建立网络后，利用社区内边比社区外边密集的原理，对相应对象进行社区划分，从而实现相应的推荐。文献[77]属于其中一类，该研究基于二分图构建了相应的网络，并对网络进行社区划分，最终借鉴同一社区中其他用户的标注实现对目标用户的推荐。实际上，在对用户、标签、资源进行聚类时，都可以应用该理论来实现。同样是通过网络，文献[129]探讨了三种用户模型构建的思想。第一种思路是直接将用户标注的相同标签相加，然后取频率最高的 k 个标签添加到用户模型，其他两种思路都是基于网络的方法：根据标签共现的思路，用点表示标签，边表示共现，画出相应的无向权图，取权重较大的 k 条边及其相应的点纳入用户模型。在该思路的基础上，应用挥发机制（evaporation technique）将时间因素加入权重，实现新的用户模型构建。

近年来的研究主要是从不同的领域对基于网络的方法进行完善。例如，不仅仅是用户自身的兴趣网络，也有研究将用户的社交网络加以考虑，运用张量分解方法，提出相应的社会化标注推荐系统[130]。文献[131]则考虑了用户行为信息的时间消逝性，结合网络节点的中心度处理，将其纳入推荐模型之中，并以MovieLens 数据为例进行了实证分析。而为解决数据的稀疏性问题，Zhang 等应用随机游走技术对三元相互图进行处理，以得到用户与资源间的过渡关联，这种过渡关联的长度往往大于一条边，可以实现对用户-用户、用户-资源、资源-资源这些点点之间的关系进行更准确的刻画。具体地，该研究应用了一个类 PageRank 的算法，将用户偏好在资源相似度图中进行扩散，以及将资源的影响力在用户相似度图中传播[132]。还有的研究则是关注社会网络中的朋友推荐，对一个特定的资源，研究者基于蚁群算法中的信息素更新策略，计算标签共现图的边权值，以实现若干典型标签的推荐。基于一定时间内用户间的信息反馈，构建目标用户的朋友信任网络，最优信任路径通过计算所有被推荐朋友的蚂蚁搜寻行为而得到[133]。

4）基于语义建立用户模型

基于语义而对推荐模型进行优化是近年来发展的又一个热点，但侧重点各有不同。文献[134]针对资源推荐问题，提出了一个新的整体模型，模型基于一种图的表示学习方法，将用户、资源与标签表示在同一语义空间中，利用欧几里得距离公式计算其距离，相关联的则距离较近，最后将最近的资源推荐给用户。与基于 TF-IDF 的方法相比，该方法更多地考虑了用户、资源与标签间的语义关联。文献[135]则将时间因素纳入，从时间漂移的视角，提出了一个基于四张量的模型，包括用户、资源、标签与时间，通过多种分析实现对用户兴趣间的潜在关系的发掘，来改善推荐的效果。不同于之前的方法，Htun 与 Tar 则是利用了潜在狄利克雷分布（latent Dirichlet allocation）方法对所采集的资源标签进行潜在主题描述，然后依据用户自身的标签推测其潜在主题，抽取出用户主题并对其程度进行衡量，生成用户模型。在此基础上，利用皮尔逊相关性对用户间的相似度进行计算，得到邻居用户，具体的用户相似度是在综合标签使用相似性、资源相似性及兴趣因素相关性三者的基础上得到的[136]。而随着人工智能与深度学习等技术的发展，将智能代理与语义进行结合成为部分研究者的兴趣方向。例如，文献[137]应用归一化的自适应压缩距离方法，基于二阶共现点互信息（pointwise mutual information）策略构造了一个智能代理，提出了一种基于情境感知的图片标签推荐算法，实现了较好的推荐准确性。

还有研究者从群组关系的角度来嵌入语义，Li 等基于用户-资源-标签三者间的关系，提出了一个基于共同共现组群相似性的方法，用标签共现来计算用户间的相似性，进而进行组群划分，基于组群视角来衡量标签间的语义关系。同时，针对数据的高维及稀疏问题，作者应用了基于标签共现的谱聚类的分析方法[138]。

此外，还有一些文献从较为特别的角度对推荐进行了探讨。例如，文献[122]基于社会化标注的框架，运用条件概率建立了用户与资源的匹配模型。文献[139]对社会化标注的群组推荐系统进行研究，主要是以实验的形式对多种排名加总策略进行分析，重点对一种基于信任网络而生成的信任用户社团进行研究。该研究还在用户与资源相似度计算中采用了混合策略。基于 Delicious 与 Lastfm 的实证，发现 CombMAX、CombSUM 与 CombANZ 三类最适合将个人偏好汇总为群组偏好。文献[140]对近因效应（recency effect）在社会化标注推荐中的影响进行分析，以协同过滤为推荐框架，主要研究了两个问题：一是在何时将时间要素纳入及其对推荐效果的影响；二是时间衰退函数如何定义及其对推荐准确度与覆盖度的影响。文献[141]利用标签与时间信息对基于标签的协同过滤算法进行改进，首先，利用基于用户的协同过滤识别出潜在的待推荐资源集合；然后，利用基于资源的协同过滤对待推荐资源集合进行排序，利用人类记忆理论中的基础水平学习方程（base-level learning equation）纳入标签利用与时间信息。在此基础上，基于BibSonomy、CiteULike 及 MovieLens 三个标注系统数据，该研究进行了实证分析。文献[142]通过对音乐文件的分析，将音频特征自动转化为标签，实现了对音乐的推荐，文献[143]则是对电影的推荐进行了分析。

6. 标签的语义分析

社会化标注所存在的标签同义、多义、缺乏层次等不足，影响了社会化标注效用的充分发挥，并导致目前标签网站中的内容重复利用程度与兴趣共享程度较低[144]。实际上，引起同义、多义等问题的主要原因是缺乏语义信息，这也是社会化标注面临的主要问题之一。已有研究者在这方面做了相关的尝试，如将社会网络和语义网技术融合[145, 146]，将社会化标签与受控词汇的语义相似性进行比较等[147]。目前研究的主要思路是，一方面，从标注系统中提取出浮现语义（emergent semantics）[148]；另一方面，借助常识工具增加标签语义，提高对标签的正确理解，减少社会化标注系统中的混乱度。

1）将标签进行层级处理

如果将标签所用的词汇加以分类法模式的组织，则对于确定标签的含义是非常有帮助的。事实上已有研究表明，在 Delicious 网站的大量标签都表现出在美国国家标准协会（American National Standards Institute，ANSI）中的层级关系[149]。有研究运用概率论方法挖掘潜藏在用户、资源和标签共现频率中的潜在语义[150]。通过将用户的标注行为用一个概率生成模型（probabilistic generative model）加以表示和处理，最终自动得到标签的浮现语义，实现了同义与多义标签的识别和区分。尽管该方法从社会化标注中提取了浮现语义，但其得到的结构仍旧是平的，没有层级。鉴于此，Heymann 等试图将大量的标签转化为可导航的层次结构的分类法。将标签按其所标注的资源的次数表示成向量的形式，同时用余弦相似性计算不同标签的相似性，并给定相应阈值，就可以得到标签的相似图，进而得到潜在层级的分类法[151]。文献[152]通过聚类算法也进行了类似的研究，其算法尽管是在标签中建立一个局部的层级，但得到的仍是简单的二元树结构，这在复杂环境中的应用是不可行的。因此，Christiaens 的研究不仅将标签进行了层级化表示，还具体到了上下层级之间的特定关系[153]。

为实现标签的大规模层级化，文献[154]提出了一种名为 ELSABer（effective large scale annotation browser）的新算法，从聚类和概念匹配的角度来计算标签的语义相似性，并将这种相似性运用到了标签的层次结构分析中，以此来处理大量数据。此外，为有效地反映语义概念和层级间的关系，有研究者还应用确定性退火（deterministic annealing）算法，提出了从社会化标签中自动提取出层次性语义的相关模型[155]。在上述浮现语义的研究中，标签共现、共现分布的余弦相似度及 FolkRank 是三种分析方法。而这些方法各自的效果、特点如何，也有研究者进行了关注，并借鉴 WordNet 作为评判标准给出了结果[155]。

2）结合概念分析

概念是提高语义信息的一种重要方式，尽管涉及概念的处理较为复杂，一些研究者还是进行了这方面的尝试。Aurnhammer 等的研究较为初步，主要是给出了一个相似度搜索模型，可以让用户得到在概念上相关的数据[156]。同样地，通过将概念作为过渡，文献[113]将标签分层级方法化，在提高检全率的同时又不过多损失检准率。进一步地，有研究者运用形式概念分析，将经评分的标签集转化为表格的形式，提出了一个语境化的大众分类（contextualized folksonomy）模型，帮助用户在已有标签集中寻找最为共同与适当的标签[157]。上述研究中的概念都类似于一个中间变量，而缺乏实质性的基础。Ronzano 等则将研究提升到了新的高度，建立了一个名为“Syntag”的库，并且认为，资源是由概念组成的，而概念又是由关键词（标签）组成的。基于此，Ronzano 等通过 Wikipedia，将其中的文章作为资源，文章标题作为概念，再将文章标题与内容中提取的词作为关键词，建立了 Syntag 集。该集由概念与关键词组成，可以消除歧义，更加全面地表达概念[158]。

3）网络方法

运用网络方法研究社会化标注系统中的语义也较为多见，特别是复杂网络理论，被广泛应用于研究社会化标签系统的语义结构[21, 159, 160]。例如，将标签作为点，标签相似度作为边，建立相应的无权图，进而构建出标签之间的层次性[161]。文献[162]也进行了类似的研究，统计了基于资源的标签共现，并利用分离点去除弱关联的标签，将强关联的标签表示成无向权图，运用聚类分析得到层次性。还有研究对高出现频率标签形成的共现网络进行分析，指出可以利用这些高频标签与其他标签的关系，确定目标标签的意义[42]。近来，还有研究者关注社会化标注中的语义稳定性（semantic stability），文献[163]提出了一种新的方法来评估语义稳定性，通过利用偏重重叠排序（rank biased overlap）的方法对标签分布进行分析，若一个资源一段标注时间后在判断稳定性的阈值内，则称为达到语义稳定。该方法可以识别出影响语义稳定性的潜在原因，包括行为模仿、共同的知识背景及自然语言的内在特征等。

4）结合常识工具

目前已有较多的语义工具（如 WordNet、Wikipedia），这些工具可以减轻或消除标签存在的一些弊端，如 WordNet 可以返回标签所属的类，利用该信息可以检查该标签是否与内容属于同一类[5]。因此，这方面的研究也较为多见。同样是借助 WordNet，文献[164]将相关标签建立了语义层级，进而帮助用户寻找相关的资源。但该方法对解决标签同义较为有效，而对歧义问题则帮助不大。所以有研究在分析中引入用户偏好，通过计算用户偏好与概念的相似度来辨别具体含义，提出了解决标签歧义问题的方法[28]。

在确定标签所属概念及其之间关系方面，文献[165]做了较为深入的工作。在对标签进行预处理后，运用统计方法分析了标签的共现，并建立共现矩阵来划分标签簇。研究者使用在线词典（如 WordNet、Wikipedia、Google）及本体资源将标签绘制成概念、属性及例子，并确定已绘制标签间的关系。也有研究者将目标标签的邻居标签吸纳进来，在选择 Wikipedia 中的解释文本的时候，选择邻居标签总频率发生最高的那个文本[166]，进而建立标签与概念的对应库[158]。

在进一步的研究中，有研究者通过已有的软件（Open Mind Common Sense，OMCS）[167]及 ConceptNet[168]，将用户的查询关键词（标签）扩展为几个相同的概念，然后进行相应的查找，并对查找结果进行打分，进而得到相应的结果[23, 169]。还有研究者通过开发一个新的基于语义性的社会化标注系统 SemKey，对当前的标注系统加以概念上的扩展。在该系统中，标签被分为三类关系：hasAsTopcic、hasAsKind、myOpinionIs，用户需要指出其所标注的词与内容之间的关系属性。同时，SemKey 也通过 WordNet 来减少歧义。SemKey 的思想是为内容附加更多的信息，而不是只有标签[170]。

5）应用本体思想

本体是语义构建的重要手段，本体构建领域的著名学者 Tom Gruber 认为，用户产生的标签数据体现了群体智慧，但也是不规范和非形式化的，使用本体对这些数据进行形式化的描述，有利于系统的互操作和知识的共享，并可以从中提取出丰富的语义信息[55]。他还提出了标签本体（tag ontology）的构想，设计了基于标签构建本体的概念模型。实际上，Mika 也提出过类似的思想[49]。许多后续的研究者对该思路进行了深化，如可以建立一个类似 Wiki 的体系，将本体编辑的任务交给大众[171]。有研究者甚至认为社会化标注是一种“社会化的本体”，本体的构建不需要再依赖于专家，而可以从丰富的用户数据中提取[172]。还有研究则对该思路进行了实证分析，Schmitz 通过采集图片共享网站 Flickr 的数据，经自然语言的统计学规律分析，从标签中推导出了较为初步的分类法[173]，分类法也是最简单的本体形式[174]。文献[175, 176]也进行了类似的分析。文献[177]则是在公司应用的一个例子，具体是在客户关系管理（customer relationship management，CRM）领域应用了本体，将文本挖掘技术、标签和用户反馈加以结合，以减少标签的模糊性。

更进一步的分析是提出本体的模型。例如，文献[175]试图从社会化标注系统中提取出描述网络资源的标签，并自动将其映射为相应的预定义（predefined）领域本体。还有研究是按本体的思想对标签规范化。最典型的是将标签结构化，使标签信息更为具体化，如对标签“会议”设定其时间和地点[178]。也有研究者提出组合式标注的思想，如标签的信息需要包括主体、客体及两者间的关系[179]。文献[180]则提出了一个更为一般的模型——基于本体的社会化语义标签云（social semantic cloud of tags，SCOT）模型，试图为标签建立统一的结构和语义。近年来，基于标签的本体自主生成成为关注重点，Alruqimi 与 Aknin 基于转化工具与技术，对社会化标注中潜在语义的相关刻画方法进行了比较分析，并提出了一种将其转化为本体的方法[181]。而文献[182]则在构建本体的基础上，进一步将其在标注建议上加以应用，作者主要提出了一种利用标签来自动定义本体的方法，包括两个方面：分类过程与标签选择过程。分类过程主要是通过词汇-权重矩阵与余弦相似度来分析语义，对资源进行分析，并结合 Lexitron 词典构建本体；标签选择过程则是为某一个篇文章选择合适的本体化标签，作者应用一种基于边的方法计算本体权重，进而给出标注建议。

还有部分研究从其他多元化的角度，探索社会化标注中的语义问题。例如，文献[183]从地理性标签的角度出发，认为其可以帮助解决标签的歧义问题，识别标签的特定语义，进而改善检索质量。作者提出一种地理分割方法，将所有地理位置划分为区域，并在每一区域识别用户检索词的语义。在区域识别的基础上，应用贝叶斯个性排名框架对相关资源进行排名，具体提出了基于 Tucker 分解与基于成对交互张量分解两类排名算法。文献[184]基于可扩展置标语言（extensible markup language，XML）与 RDF，提出了一个名为“S3”的数据模型，不仅可以刻画用户间、用户-资源间的关系，还涵盖了这些社会内容间的结构关系及语义关系。在此基础上，作者提出了一个 top-k 搜寻算法，可以为一个 S3 框架下的查询提供计算结果。而文献[185]则基于语义，对多媒体资源的个性化推荐进行了探讨，重点是对情境信息进行识别，包括生理参数，以对用户的隐藏信息进行识别。

7. 图片标注

由于图片社交网站的兴起，以及针对图片信息资源的信息难以描述，利用社会化标注对图片进行标签与特征提取成为新的关注热点。有研究者通过问卷调查与评论回馈的方法，针对社交网络中图片数据被较少查看的现状，基于劝说技术（persuasive techniques）构建了一种机制，用来增加同行对多媒体信息的元数据标注[186]。基于标签的图片搜索随之兴起，但与此同时，尽管基于标签的图片搜索技术已可实现规模化，但也存在垃圾标签与主观性强等缺陷。为此，Haruechaiyasak 和 Damrongrat 提出采用基于内容的检索技术对基于标签的图片检索技术进行优化，通过建立 130 种基于芒塞尔色系的颜色指标供用户选择[151]。在基于标签的图片推荐或检索中，以往方法强调的是最高排序结果既有相关性，但对返回结果的多样化关注较少。因此，Qian 等提出了一个社会重排系统，将图片的视觉信息、语义信息与社会线索纳入，通过对图片进行用户内部的重排，对指定检索有较多共现的用户可以有较高的排名。进而对已有排名的用户图片集进行用户间的再排名。在此基础上，将对每一用户均有较大相关性的图片挑选出来，以作为最终的检索结果[187]。为避免以往启发式假定带来的弊端，Cui 等提出了一种基于监督与邻居投票的评估方法，对图片资源与标签信息的相关性进行分析，采用显式建模对邻居的权值加以赋值。作者采用欧几里得距离来计算图片之间的距离，当给定一个图片时，所有其他的图片均按距离进行排序，进而得到最近邻居。在每一邻居的赋值上，采用伯努利过程，并由邻居的累计投票生成标签的相关性[188]。

近年来，随着相关文献的日益丰富，Li 等对基于标签的图片标注、检索进行系统性文献回顾，在此基础上，提出了一个新的实验框架，从不同的领域获取数据，对已有的 11 种代表性方法的效果进行测试[189]。而伴随智能移动终端的兴起，个人照片的上传量大幅增加，同时用户在移动端比在个人计算机端更加需要便利化的标签添加支持。为此，有研究者对移动端的照片标签推荐进行研究。与网络图片相比，个人照片在语义分布与视觉表现上均表现不同，因此传统的推荐算法面临挑战。为此，Rui 等提出一种迁移深度学习（transfer deep learning）方法以解决语义分布的差异，并设计了一种由个人照片裁剪后的层级化词汇组成的本体。而为解决视觉表现上的差异，作者还用深度学习方法对图片与本体在从上到下，以及从下到上两个领域进行转化。在此基础上，研究者进行了实证分析[190]。还有研究者关注图片标注行为中用户模式的变迁，如 Golbeck、Koepfler 与 Emmerling 基于 Panofsky-Shatford 矩阵方法，重点对标注行为与被标注图片特征之间的关系进行分析，通过对 51 类主题的实证研究，发现用户在标注数量、标签类型、顺序等方面会随时间发生较大的变化[191]。

8. 在线学习

在线学习是近年来社会化标注应用的领域之一。Pirolli 与 Kairam 给出了一个用户模型来支持在线资源的用户学习路径分析。作者利用知识跟踪（knowledge tracing）技术，用户模型则是基于专家在社会化标注系统中对资源的标注，那些在某一个领域中具有“技能”标签的资源代表是该领域的组成体，这些组成体可以提炼出一个主题模型来表达该领域的特征。当一个用户阅读这些资料时，就可以掌握哪些领域的哪些主题已经被学习了[192]。文献[193]基于学习者、学习目标及标签三要素对社会化标注对于在线学习的作用进行分析，并借助 Taglink 工具搭建了平台，对 336 名学习者开展实证分析，发现作用明显。同样是面向实证，文献[194]对基于社会化标注的在线协作学习社区进行了分析，主要研究了学生是如何感知到这种分布式学习社区的，以及如何构建这样的学习型社区。在具体标签的使用上，研究者发现学生更愿意使用内容型标签，而非社区关联型标签。

9. 知识与品牌管理

一部分研究对社会化标注系统在公司内的应用进行了探讨，如 Cogenz、Notorious、Raytheon、Connectbeam、Onomi 等[4, 195]。通过 Dogear 社会化标注工具，公司雇员可以从内部网或互联网上标注其书签[196]，并发现通过标签的社区浏览是最为常用的方式。同时，标签查找的方式也增加了信息导航功能[74]。还有研究运用社会化标签对公司内人际联系进行管理，发现员工标注时有建立社区的意愿[197]。实际上，标签是用户兴趣与知识积累的一个反映，因此可以作为一个寻找专家及其专业领域的工具[99]。文献[198]将社会化标注应用到基于位置的服务（location based services，LBS）领域，利用一个基于用户的标注模型来构建用户偏好及其标注间的关系。文献[199]将社会化标注应用到产品开发过程中，作为知识采集与检索的一种手段，以解决传统知识系统没有很好处理的隐性知识问题。标签的本体构建也是公司应用的一个方向。van Damme 等通过寻找类似的标签、标签间的概念和关联，在公司中完成了轻量级的本体构建[175]。同样是公司应用的一个例子，文献[177]在 CRM 领域应用了本体，通过将文本挖掘技术、标签和用户反馈加以结合，减少标签的模糊性。

品牌营销也是社会化标注的应用领域。Nam 等对将社会化标签用作品牌表现的评估方法及公司金融价值的预测方法进行探究，以媒体行为、社会化标签度量、财务度量为自变量，以公司价值为因变量，建立一个理论模型。在此基础上，通过 Delicious 数据的收集，作者对 14 个领域中的 44 家公司开展实证分析，发现基于标签的品牌管理可以实现对品牌熟悉、喜好与竞争状况的掌握，进而解释非预期性的股票收益[200]。在之前研究的基础上，Nam 等对其做了进一步的深化。作者基于标签研究了品牌数据信息的采集，并利用现有的文本挖掘与数据还原技术对标签数据进行处理，以抽取代表性的主题信息、监控实时动态、理解品牌多元视角等，将其用于市场营销[201]。

10. 心理与行为模式

部分研究者对社会化标注的心理因素进行关注，如社会关系对用户选择标签的心理影响[202]，还有研究者关注用户标注的行为模式，如文献[203]基于数据流分析框架，将用户行为拆解为若干个动作，对社会化标注中 8 种用户信息搜索行为模式进行分析。作者基于对 douban 数据的实证分析发现，浏览资源是最为流行的一个模式，而基于标签的浏览则效率最高。文献[204]利用超网方法来研究模式，通过将用户、标签、资源表示为点，标注行为表示为超边，构建起超网络。在此基础上，进行超度及其分布分析，研究超度的条件概率分布等，基于 Delicious 的真实数据实现对用户标注模式及规则的探索性研究。

利用心理学相关理论是研究推进的另一个维度，如文献[205]应用社会表征理论与领域分析对社会化标注进行分析，其目的是分析社会化标注系统中社会表征的机制及其构成维度。Kowald 与 Lex 以标签的重复利用现象为切入口，基于推理思维的自适应控制（adaptive control of thought-rational，ACT-R）认知理论中的激活方程：人记忆中的重要信息取决于使用频率、近因及语义情境三个要素，并基于 Flickr、CiteULike 等 6 个数据库，实证发现，频率、近因及语义情境三者与标签的重复利用均表现出正相关[206]。

还有研究对社会化标注的心理基本问题进行本质性思考，如 Doerfel 等对目前标注领域中存在的四个基本假设进行验证：一是社会化假设，即用户对资源的分享程度及对其他用户兴趣的感兴趣度；二是检索假设，即用户是否会对自己存储的资源进行检索；三是平等性假设，即用户、资源与标签是否平等，根据 BibSonomy 的实际数据，用户页面的请求需求强得多；四是流行度假设，对用户、资源与标签的流行度与其被检索的程度进行核对。基于四个假设，作者对基于 BibSonomy 取得的服务器日志数据进行了实证分析[207]。

11. 其他领域

还有其他一些与标签相关的分析，如通过社会化标签对网络内容进行提炼[208]、应用信息论中的熵理论来评价社会化标注系统的信息导航能力[209]、数字图书馆中社会化标注的应用影响[210]、社会化标注系统中的信息传播[211]、基于信息安全的视角进行用户模型的优化[212]等。还有研究者对基于社会化标注的研究进行了综述，对研究的主要领域进行总结[213]。这方面的研究较为庞杂，而且也非社会化标注系统的主流研究方向，在此不进行详细探讨。

2.3　现有研究存在的不足

可以看到，社会化标注虽然是一个新出现的研究领域，但在近年来得到了学术界的广泛关注，并取得了初步的研究成果，特别是在基于社会化标注进行个性化信息推荐方面，已有不少研究成果。但作为一个新兴领域，该领域无疑还存在着较多的不足。综合已有的文献及其成果，本书认为，目前在基于社会化标注的推荐方法上至少存在两个方面的不足，包括用户模型构建和推荐算法中标签的同义和多义处理方面。

就用户兴趣模型构建而言，现有的模型不仅有从用户-标签、资源-标签矩阵入手的，也有从用户、资源、标签的聚类着手的，建立了多种不同的用户模型。但这些模型的数据一般都是源于目标用户自身的数据，而较少将其他用户的相关数据吸收到目标用户的模型构建中。在聚类分析中，尽管有其他用户的数据纳入目标用户模型，但这种聚类是基于资源或者用户的共现，其对模型的影响间接且难以控制。而在推荐系统中，如何基于用户的兴趣模型找到合适的资源是非常重要的。这一点在社会化标注系统中，体现为同一资源在目标用户的兴趣模型中的表达与其他用户对其的表达的一致性，而用户的表达一致性也决定了资源模型的特征表现。从某种程度而言，社会化标注所允许的标签的任意性并不利于用户找到资源，原因是部分用户对资源的标注，或者用户对部分资源的标注可能会与主流的认识发生偏差，从而出现对同一资源的多个不同标签，而且这些标签间有可能只存在非常弱的关联，这也可以从资源中标签分布的“长尾”中得到验证。而如何在用户标注发生偏差的情况下，让用户依然能找到其所感兴趣的资源，这是目前基于社会化标注进行个性化推荐的研究中所没有关注到的。

另外，作为一个在社会中生活的人，其在日常生活中都会接触社会的各个方面，如白天工作、晚上回家、周末出游、朋友聚会，各种情景的主题都有很大的不同。久而久之，这种多情景的生活会使人的关注点和兴趣点变得多样化。可以说，人（用户）的兴趣是多样化的。在社会化标注系统中，用户也是体现为多兴趣的，一个对 Java 编程感兴趣的用户，有可能对汽车信息也有关注。对 Delicious 网站用户的分析也验证了用户多兴趣的事实。但在已有的用户模型中，对用户兴趣的假设都是单一的，或者至少在技术处理上，都将用户兴趣模型表示成单一的向量形式，将多个主题的标签混合放置，破坏了标签间原有的语境信息。与此同时，单个资源的主题一般都是单一的，这使得在进行用户与资源模型相匹配时多兴趣与单兴趣主题之间的不恰当匹配，必定会影响模型精确性与准确性。

在标签语义方面，尽管也有标签预处理、标签分层等问题的零星探讨，但目前已有的基于社会化标注的推荐技术都还没有将标签的语义处理纳入模型。特别是对于标签主要存在的同义和多义问题，还没有推荐模型对其做较为正式的处理，往往只是文字性地顺带提过。而多义和同义标签的存在，有时可能会使推荐结果变得极为糟糕。如果用户不能穷举目标标签的同义标签，则有可能使用户丢失相关的资源。同时，在缺失语境的情况下，无法为多义标签提供恰当语境，极易造成错误的理解。

第二篇　基础算法篇

本篇包括第 3 章至第 6 章，是本书的两大核心之一，重点构建了基于社会化标注的用户协同模型、多兴趣模型，并对其算法性能进行评价。其中，第 3 章介绍用户协同模型的构建。通过对 Delicious 中用户数据的分析，从用户和资源两个角度对标注偏差行为进行验证，发现部分标签不仅在内容上存在偏差，而且在表达形式上也存在偏差。针对于此，本书提出用热门标签代表资源特征，以克服标注偏差所带来的影响。按照标准的不同，本书给出了三种热门标签识别的方式，包括最大吸收法、拐点判断法和最小最大法。其中，拐点判断法和最小最大法具有较强的现实可行性。然后，结合 TF-IDF 算法为资源中的标签赋值，将热门标签转化为主流标签。同时，本书也给出用户对于自身所标注的每个资源兴趣度的概念及测度方式。用户对单个资源添加的标签个数越多，表明用户对该资源越感兴趣。最后，根据目标用户所标注的资源及其兴趣度，结合每个资源的主流标签，给出两种用户协同模型的构建算法，其区别在于是否将目标用户的原有标签纳入用户模型之中。

第 4 章是用户多兴趣模型的构建。首先，本书通过 Delicious 网站的数据，从用户所标注的标签数量和内容两个方面对用户的多兴趣性进行了验证，发现用户通常收藏了多个不同主题的资源，进而使用各种主题的标签。其次，运用 CPM 聚类方法分别对目标用户所标注的标签集和资源集进行分析。一方面，根据标签间的共现关系，得到关于标签的不同类的划分，并将这些类定义为用户的子兴趣表达；另一方面，计算用户所标注的各个资源间的余弦相似度，并将相似度在一定阈值之上的资源加以类的划分。相似的资源被划分为同一类，不同主题的资源则属于不同类，因此，资源的类也可以认为是用户子兴趣的表示。同时，结合不同标签或资源类中标签的数量及总的类的数目，本书提出了子兴趣度的概念和测度方式，认为用户的子兴趣有主次之分，某一类中包含的标签数越多，表明该类所对应的子兴趣度越大。最后，结合子兴趣表示及其子兴趣度的大小，本书提出了两种用户多兴趣模型的构建算法，其主要区别在于子兴趣得到的方式不同，即包括基于标签聚类和基于资源聚类两种方式。

第 5 章是基于用户协同与多兴趣模型的推荐算法构建。首先，本书给出基于 TF-IDF 的资源模型构建算法,并给出基于权威用户构建资源模型的设想，认为不同用户的标注应当产生不同程度的影响。然后，提出将余弦系数法作为用户模型与资源模型之间的相似度计算方法，并进一步给出两种匹配策略：直接匹配和通过相似用户的匹配。直接匹配最为简单有效，而通过相似用户的匹配则相对复杂，但能为用户推荐其潜在感兴趣的资源。基于这两种匹配策略，本章在最后给出了用户协同模型和多兴趣模型下相应的推荐算法。

第 6 章是关于用户协同与多兴趣推荐算法的实现与评价。本书对推荐算法加以实现。通过从 Delicious 中得到的数据，实现了资源模型的构建。在此基础上，实现了基于用户“ahmedre”的协同模型和多兴趣模型的构建，并进一步运用余弦相似度方法对用户模型和资源模型进行了匹配计算，为每个用户模型推荐了最为相关的资源。最后，结合用户参与的准确率评分（graded precision，GP）度量方法，对推荐资源的相关性进行评分，发现基于用户协同模型与多兴趣模型算法的推荐效果优于传统模型。

第 3 章　基于社会化标注的用户协同模型

偏差行为（deviant behaviors）是人们在遵守社会规范的过程中出现的一种社会现象，是指背离、违反社会规范的行为。应当说，偏差行为不仅存在于现实世界，在网络环境中也同样存在，并被称为网上偏差行为。有学者将网上偏差行为分为宏观和微观两个层面[214]。从宏观层面看，网上偏差行为是指个体不能适应正常的网络生活而产生的有违甚至破坏网络规范的偏差行为；而从微观层面看，网上偏差行为是指在以计算机为媒介的人与人之间的交流过程中，不符合某一团体期望和规范的行为。从这些对偏差行为的定义中可以看出，不符合规范或期望始终是定义偏差的核心原则。

对社会化标注系统中的某一资源而言，其中一个标签使用的频率越高，表示越多的收藏用户倾向于用该标签来表示资源的特征。标注频率最高的标签，被认为具有最高的用户认同度。同时，标注频率也在很大程度上决定了标签的权重①。本书将资源中权重较高的标签称为这个资源的主流标签，并将其作为标注中的一种规范。在此基础上，本书认为用户在对资源添加标签的过程中也存在一种“偏差行为”，即由于认识不全面或者是知识结构存在局限性，部分用户所添加的部分标签会偏离主流用户的观点，这些标签只能代表小部分用户甚至只是个体用户的观点，从而缺乏普遍的意义。用户在标注中的偏差行为无疑不利于资源的共享与检索。

现有文献在利用用户标签来建立用户模型的过程中，往往假设标签的标注是不存在偏差的[215]，因此，在用户模型的构建中，通常将所有的标签都加以吸收。尽管社会化标注的一个显著特点是体现了个性化，但过于个性化（over personalized）或者不能得到社会共同认同的个性化对于资源的共享无疑是无益的。在信息推荐中，对用户个性化的正确理解应该是：个性化体现的是内容的组合，而不是用户对内容的特定表达形式。也就是说，用户的标注行为应符合社会共同认识，而当将特定用户所标注的多个标签汇总起来的时候，个性化便随即而生。在最优的情况下，用户所选用的标签达到高度统一，资源的共享就能达到最大化，模糊性等问题也降到最低。

本章的思路主要为：从 Delicious 网站收集数据，对用户在标注过程中存在的偏差行为进行验证。在此基础上，提出用户协同模型，思路是通过吸收用户收藏

---

① 在本书中，如无特殊说明，标签权重基于 TF-IDF 方法计算。

的资源中的主流标签来矫正目标用户的偏差行为，使特定用户的模型符合主流用户的认识，从而有利于提高后续处理中资源匹配的准确性，提供用户真正需求的信息资源。

3.1　用户标注中的偏差行为

对于用户在标注过程中存在的偏差行为，已有文献对此问题进行了关注。主流标签是由大量用户共同使用相同的标签对相同的资源添加标注而产生的。而在大多数情况下，单个标签被重复使用的次数很少[161]。这也从侧面说明了大部分标签的使用率很低，标签在标注分布上存在着“长尾”，而正是这部分“长尾”，说明用户标注偏差行为存在的可能性。根据已有文献的观点，标签的偏差指的是内容偏差。而本书在分析中发现，标签偏差不仅仅是内容的偏差，形式上的偏差更不容忽视。

有研究者明确指出，一个网页的语义并不完全由网页的作者决定，还可以通过用户对网页的浏览和使用来决定[216]，在社会化标注中的情况就是如此，而且往往是主流用户的观点决定了资源所能显现出的特征。因此，即使有时用户标注的行为在用户看来是可以理解和适当的，但如果和主流的标签不同，也会形成标注偏差，这些标签与系统中的主流标签缺乏联系，往往处于系统的末端，或者可以称为“标签孤岛”。为有效减小用户标注中偏差所带来的负面影响，一方面，可以支持用户使用更具有共享性的标签来表达自身的意见与观点[26]，而这需要对用户的培训和教育，是一个较为漫长的过程；另一方面，可以通过构建更为科学的用户模型，通过吸收主流用户的标签，来避免在用户模型的构建中带入偏差标签，达到为用户推荐高质量信息资源的目的。

3.1.1　用户角度的偏差分析

在社会化标注系统中，一些标签符合大众的共同认识，并被广泛地加以标注。而大部分标签的使用频率都较低，在标签分布中显示出“长尾”的特征。以下从典型标签网站 Delicious 中抽取了两个用户“ggg2000”和“jsmith”，试图通过对这两个用户所使用的标签的分析，验证用户标注中的相关偏差行为。

1. 用户“ggg2000”

从图 3.1 可以看到，用户“ggg2000”所用标签显示出明显的“长尾”特征。按照较为粗略的判断，可以认为前 100 个标签标注的频率很高，但随后的大部分标签并不十分活跃，使用次数较少。将用户使用频率较高的标签称为该用户的热门标签，相对应地，将使用次数较少的标签称为冷门标签。无论是用户的热门标签还是冷门标签，都有可能存在标注的偏差。

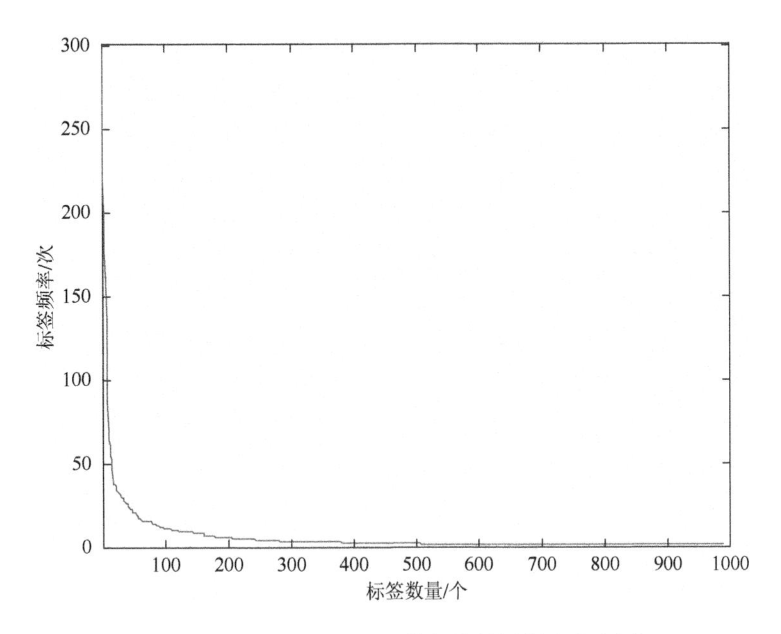

图 3.1　用户“ggg2000”的标签使用频率分布图

1）热门标签的分析

在该用户中，标注频率最高的 10 个标签分别是“_dt_article”、“_na”、“_dt_site”、“_jo_read”、“_dt_tool”、“_at_read”、“_dt_blog_post”、“pm”、“_dt_links”和“_dt_video”。可以说该用户是标签形式偏差的典型代表，在这些标签中，不难发现，尽管标签的意义较为明了，但采用了较为特殊的表达形式。由于形式过于特殊，很少有用户使用这种特殊形式的标签，所以难以通过这些标签查询到相关的资源。

以频率最高的标签为例，在 Delicious 网站依次输入该用户的热门标签进行查询。在返回的资源（URL）中，可以发现，除“_na”和“pm”有较大的返回结果，其他标签的返回结果与该用户自身的标注次数十分接近（表 3.1）。这就非常明显地说明了一个问题，即这些标签的主要使用者是用户“ggg2000”，而系统中其他用户的标注次数几乎可以忽略不计。这种情况导致该用户难以通过自己所标注的标签来找到其他的相似用户或者相似资源。在整个标注系统中，该用户基本处于孤立的状态。

表 3.1　在 Delicious 网站将热门标签进行查询的返回数

标签	_dt_article	_na	_dt_site	_jo_read	_dt_tool	_at_read	_dt_blog_post	pm	_dt_links
用户	297	220	197	176	160	158	133	88	85
系统	290	3652	189	176	160	156	133	23388	82

在进一步对标签的分析中，以标签“_dt_article”为例，在其对应的资源中，选取用户收藏数较多的一个资源“The Google PageRank Algorithm in 126 Lines of Python”，该资源共被收藏 451 次，系统中用户对这项资源使用频率最高的 10 个标签见表 3.2。用户“ggg2000”对此资源的标注为“google”、“algorithm”、“_hist_unused”和“_dt_article”，尽管有两个标签出现在了表 3.2 中，但标签“_hist_unused”和“_dt_article”在该资源中总的标注次数都只有 1 次，也就是没有其他用户使用这两个标签对该资源进行标注，因此可以认为，这两个标签属于用户标注中的偏差行为。如果将其纳入用户模型，无疑不利于资源的推荐。

表 3.2　资源“The Google PageRank Algorithm in 126 Lines···”的最热门标签

标签	python	google	pagerank	algorithms	programming	algorithm	math	code	search	howto
出现频率	351	317	228	158	146	129	89	75	47	22

为使对偏差的分析更为客观，选取收藏次数更多的资源“Data Visualization: Modern Approaches”，该资源共被收藏 6832 次，用户对该项资源使用频率最高的 10 个标签如表 3.3 所示。可以看到，用户“ggg2000”在该资源中添加的标签为“visualization”和“_dt_article”，尽管“visualization”与最热门的标签吻合，但“_dt_article”作为目标用户标注频率最高的标签，在该资源中仅仅被标注了 1 次，与其他的标注观点差别巨大，也可以定义为存在偏差的标签。

表 3.3　资源“Data Visualization：Modern Approaches”中的最热门标签

标签	visualization	data	design	graphics	information	inspiration	webdesign	statistics	Web2.0	visualisation
出现频率	4474	2840	2674	1939	1812	1229	1044	699	350	257

2）冷门标签的分析

在用户“ggg2000”的标签中，有 484 个标签只使用了一次，占标签总数的 48.89%。如果以标注次数作为标签的权重，则标注次数为 1 次的标签占整体的 8.29%，2 次及以下占 12.61%，3 次及以下占 17.19%。如果以 TF-IDF 计算标签权重，则该比例会更大。同时，有理由认为，在单个用户所使用的标签中，与高频率的标签相比，冷门标签发生偏差的可能性更大。也就是说，在这些高比例的冷门标签中，存在相当数量的偏差标签。

根据爬取的数据中标签的顺序，在 Delicious 中查询了用户“ggg2000”所标注的前 8 个标签在整个标注系统中的使用频率，如表 3.4 所示。从中可以发现，其中的标签“oopcriticism”和“_for_prorgrammer”，在整个 Delicious 网站都是非常冷门的。这些标签的使用，以及将这些标签吸纳到用户模型中，对于信息的检索和推荐只会具有负面的作用。

表 3.4　按顺序抽取的标签在 Delicious 中查询的返回数

标签	scm	rating	sms	interesno	oopcriticism	prototype	sleep	_for_prorgrammer
用户	1	1	6	1	1	1	1	1
系统	45140	22245	112498	141	1	118016	74700	1

同时，随机抽取该用户的一些形式上较为特殊的冷门标签，并对这些标签在 Delicious 中的返回数进行查询，如表 3.5 所示。可以看到，对于这些标签，用户“ggg2000”的标注次数与整个系统中总的标注次数几乎相同。这些标签并不是非常专业的词汇，有相当部分是对日常生活中事物的描述。之所以出现没有共同用户的情况，本书认为，就是由于标签表示形式过于特殊化。

表 3.5　形式特殊标签在 Delicious 中查询的返回数

标签	_ref_ab	_dt_videos	_el_medium	_waitingfor	_list_books	_proj_backup	_at_try	_proj_aris
用户	26	7	3	15	6	7	10	1
系统	26	5	3	58	50	14	10	1

进一步地，对这些标签对应的资源进行分析，以说明该用户的标签不但在标注系统中极少使用，而且偏离了其所对应资源中主流用户对该资源的理解。以其中意义较为明朗的“_proj_backup”为例，选取收藏用户最多的资源“The Best free Backup Software for your PC”，该资源被收藏 50 次，其最热门的 10 个标签如表 3.6 所示。可以发现，“ggg2000”在该资源中所标注的标签为“proj_backup”、“_na”、“_at_read”、“_dt_soft”，这些标签与表 3.6 中的 10 个最热门标签相差甚远。因此，如果以这些标签作为用户模型的依据而进行相关资源的推荐，效果必然是不理想的。

表 3.6　资源“The Best free Backup Software for your PC”中的最热门标签

标签	backup	software	tools	windows	free	recovery	freeware	online	xp	synkronisering
出现频率	41	26	16	12	12	6	6	4	3	2

至此，可以认为，“ggg2000”所标注的标签不仅在形式上有偏差，即频繁使用“_”作为标签的一部分，而且在内容上也没有体现出资源的特征。用户“ggg2000”的标签也许会被认为太过于特殊化，但实际上，用户使用“_”作为标签一部分的行为普遍存在于 Delicious 标注系统中。

2. 用户“jsmith”

对于内容上的偏差性，我们希望通过对用户“jsmith”的研究，来进一步说明该问题。应该说，用户“jsmith”的标签数量明显比“ggg2000”少，因此其热门标签的使用频率也相对没有那么高，但其标注在分布上依然显示出“长尾”的特征，如图 3.2 所示。

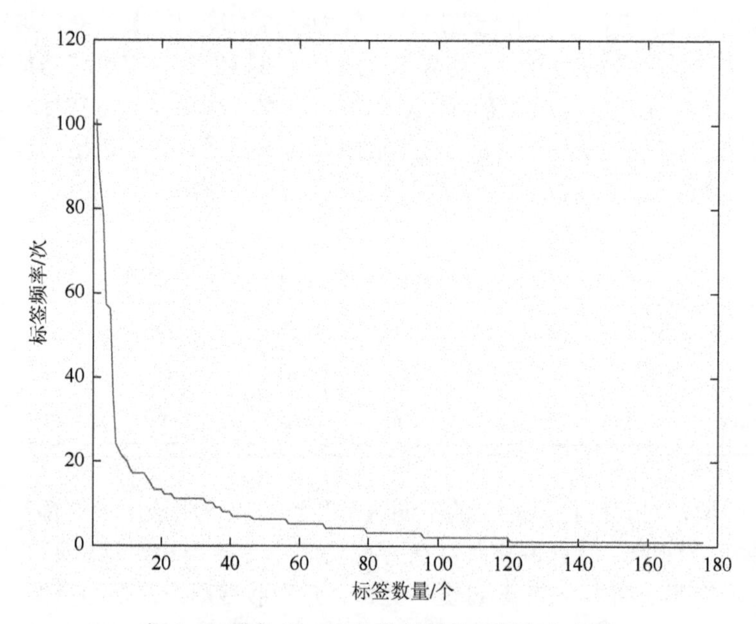

图 3.2　用户“jsmith”的标签使用频率分布图

1）热门标签的分析

从表 3.7 中可以看到，该用户所标注的 10 个使用频率最高的标签，与用户“ggg2000”所使用的热门标签不同的是，用户“jsmith”使用的标签并没有使用特殊的符号，这些标签的选词也是较为常见的词汇。尽管出现了“open-source”和

"DVR"这样带符号和缩写形式的标签，但其形式较为常见，含义也比较明确。但即使如此，仍然可以发现一些用户所存在的标注偏差。

表 3.7　用户"jsmith"的最热门的 10 个标签

标签	windows	utilities	web	java	reference	open-source	google	xp	DVR	tips
出现频率	101	88	78	56	56	36	24	22	21	20

实际上，用户使用频率最高的标签，具体到某个资源中时，并不表明这些标签体现了资源的真正含义或者主流用户所认同的内涵。以该用户的最热门标签"windows"为例，以其中一个被较多用户收藏的资源"Orb Networks"（http://www.orb.com/）给出示范。该资源被收藏 3047 次，如表 3.8 所示。用户"jsmith"对该资源的标注是"DVR"、"tech"和"windows"，这三个标签在该资源的前 10 个标签中都没有出现，也就是大多数用户在标注该资源时并不认同"jsmith"的观点。就该资源而言，本书认为用户"jsmith"的标注出现了偏差。尽管感兴趣的是同一资源，但用户没有真实地表述出自己的偏好，进而导致在推荐时质量低下。如果在用户建模的过程中能将主流用户的标签信息加以吸收，对于正确和真实地表达用户的信息需求是具有积极意义的。

表 3.8　资源"Orb Networks"中的最热门标签

标签	streaming	video	media	software	music	tv	audio	mobile	tools	web2.0
出现频率	1332	1149	1073	779	676	674	503	494	221	210

2）冷门标签的分析

在用户"jsmith"的标签中，冷门标签的比例也不在少数，标注次数为 1 次的标签占全部标签的 25.45%，如果以标注次数作为标签的权重，那么标注次数为 1 次的比例占整体的 4.57%，2 次及以下占整体的 8.65%，3 次及以下占 12.57%。其中，标注次数为 1 次的标签中，包括"im"、"LOTR"、"os"、"hmmm"、"gtd"、"jvm"、"home-theater"和"eggnog"等较多含义并不明确的标签，这些标签往往较大可能存在标注偏差。以"hmmm"为例，选取被收藏次数较多的资源"Instructoart"（www.instructoart.com/instructoart.html），该资源被收藏 111 次。标签"hmmm"是用户"jsmith"在该资源的唯一标签，该标签也完全没有在该资源的主流标签中得到反映。假设该用户没有在该资源上标注"hmmm"，而使用"hmmm"标签对资源进行查找，用户能检索到该资源的可能性很低。或者说该资源与以"hmmm"为数据来源而建立的用户模型的匹配度很低（表 3.9）。

表 3.9　资源“Instructoart”中的最热门标签

标签	design	art	humor	animation	illustration	graphics	funny	flash	fun	mtv
出现频率	36	34	23	18	15	15	12	12	10	6

3.1.2　资源角度的偏差分析

标签中的偏差不仅可以从用户角度进行分析，还可以从资源的角度加以验证。在资源标签的分析上，需要对资源内容进行具体的分析，因此选择典型例子来说明。在 Delicious 网站中，本书选择了一篇名为“50 Beautifully Dark Web Designs”（http://sixrevisions.com/web_design/50-beautifully-dark-web-designs/）的文章，以及一个允许用户上传高画质视频的网站“Vimeo，Video Sharing For You”（www.vimeo.com），来具体分析资源角度存在的标注偏差。

1. 资源“50 Beautifully Dark Web Designs”

资源“50 Beautifully Dark Web Designs”中标签使用频率分布图如图 3.3 所示。

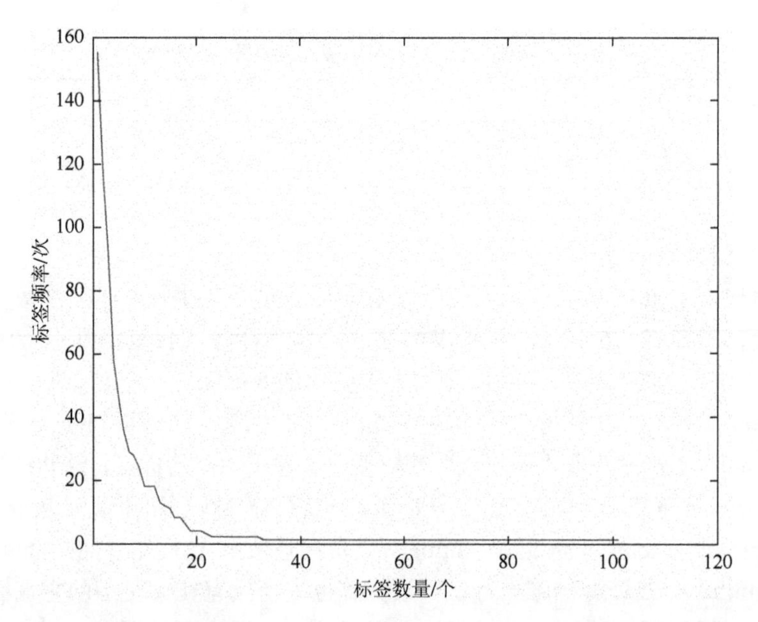

图 3.3　资源“50 Beautifully Dark Web Designs”中标签使用频率分布图

可以看到，在资源“50 Beautifully Dark Web Designs”中的所有标签在分布上也呈现出长尾[①]。在所有101个标签中，标注次数在10次以上的仅有15个，而标注次数为1次的标签则多达79个，占全部标签的78.22%。即使将次数以权重计入，标注次数为1次的标签也占全部的9.89%。根据对标注偏差的定义，在资源中被使用次数较少的标签，即属于一种偏差，无论这种偏差是形式性的还是内容性的。

从表3.10中可以看出，该资源大致是关于网络设计的，并能给人以灵感。该资源提供了以黑色为背景的50张网页设计图片。但在标注较少的标签中，相当数量的标签其意义难以为大众理解，如标签“tmav\xe9”、“tarakan”、“Disenos”、“bg”、“ux”和“z”等，这些标签或许在标注时对用户有意义，但一段时间过后，往往是连用户自己也解释不了当初为什么使用了这个标签。还有标签采用了特别的形式，如“*design”、“*internet”和“black& white”，这些标签可以理解，但难以共享，属于标注形式上的偏差。

表3.10 资源“50 Beautifully Dark Web Designs”中的热门标签

标签	webdesign	inspiration	design	web	dark	showcase	css	webdev	style	web-design
出现频率	472	372	274	158	143	95	95	82	68	66

在对该资源的分析中发现，标签在形式上的偏差比内容偏差更为普遍，以该资源的两个主题——网络设计与灵感为例，“webdesign”和“design”分别标注了472和274次，但在只标注了1次的标签中，有“cooldesign”、“designideas”、“Web_desing”、“*design”、“GoodDesign”、“design（web）”和“Web_Design”等众多类似的表述。标签“inspiration”被标注了372次，但在标注了1次的标签中，有“insp”、“inspirace”、“blogg.inspire”、“inspirational”、“s.webdev.inspiration”和“design-inspiration-website”等类似标签。可以说，这些表述并没有偏离资源的主题，也体现了用户的共同认识，但由于其形式的特殊性，这些标签并没有引起主流用户的共鸣或一致使用。其导致的进一步后果是：通过这些标签，用户无法找到类似用户，只能查看自己所标注的资源。即这些标签最多只能发挥管理个人信息的作用，而无法通过社会网络实现与其他用户的协同及进一步的资源发现。

实际上，这些冷门标签不但是在该资源中表现为形式偏差，而且在整个标注系统中都存在较大可能的形式偏差。以随意选定标签“cooldesign”为例，通过Delicious的返回资源，选择收藏用户较多的资源“Coda：One-Window Web Development”（www.panic.com/coda/）进行分析，该资源被收藏4496次。可以看到，在该资源的热门标签中（表3.11），“webdesign”和“design”两个标签表达的内涵与“cooldesign”相类似，但由于形式不同，资源无法进行识别或匹配。

① 在图3.3中，为了更好地观察标签分布的细节，将标注频率最高的3个标签暂时移除。

应该指出的是，在该资源中标签“cooldesign”仅仅被标注了 1 次，即只有目标用户自己使用该标签标注了该资源。

表 3.11　资源“Coda：One-Window Web Development”的热门标签

标签	software	webdesign	mac	css	osx	webdev	web	development	design	tools
出现频率	2128	1996	1961	1409	1407	1148	1100	698	693	439

类似地，在选用标签“inspirace”所进行的分析中再一次验证了该现象，我们选择 URL“CSS Remix”（cssremix.com)，该资源被用户收藏 8119 次。在其 10 个最为热门的标签中只有“inspiration”与目标标签相似（表 3.12)，但同样由于形式不同，在信息的查找中无法通过“inspirace”直接找到该资源。此外，在该资源总的标注数中，“inspirace”仅仅被标注了 2 次，说明在整个标注系统中仅有两个用户用该标签标注了该资源，属于非常严重的标注偏差。

表 3.12　资源“CSS Remix”的热门标签

标签	css	webdesign	design	inspiration	gallery	web	showcase	web2.0	layout	templates
出现频率	5530	3593	2986	2810	2142	1373	1171	764	312	208

2. 资源“Vimeo，Video Sharing For You”

资源“Vimeo，Video Sharing For You”中标签使用频率分布图如图 3.4 所示。

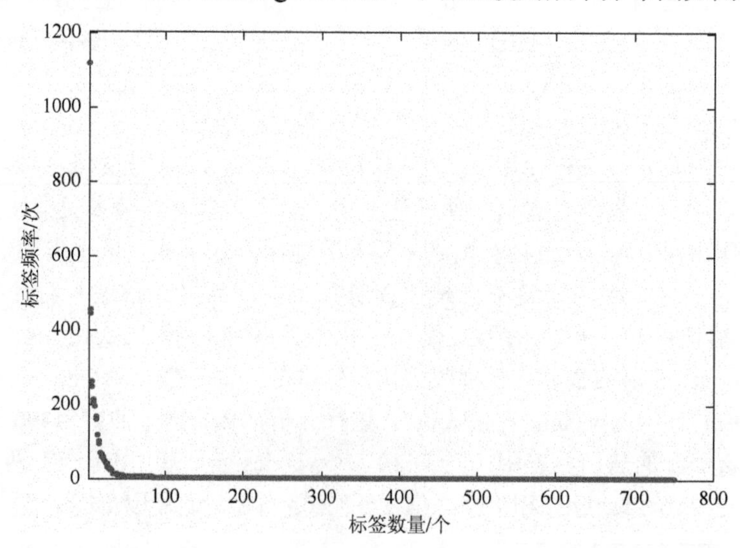

图 3.4　资源“Vimeo，Video Sharing For You”中标签使用频率分布图

在对网站 www.vimeo.com 进行标注的 752 个标签中，最热门的 10 个标签见表 3.13。这些标签基本上描述了该网站的特征与功能，主要是基于社会网络进行视频共享。但该资源反映的一个突出问题是：冷门标签占非常大的比例。例如，标注在 3 次及以下的标签达到了 668 个，占所有标签数的 88.83%；2 次及以下的标签为 633 个，占 84.18%；标注次数为 1 次的标签为 561 个，占 74.60%。如果将标签的次数作为其权重，则标注在 3 次及以下、2 次及以下、1 次的标签分别占全部的 13.85%、12.05%、9.60%。如果按照 TF-IDF 计算权重，则这些冷门标签的影响将更大。在接下来对这些标签的具体分析中可以看到，这些冷门标签往往是产生偏差的原因。

表 3.13　资源“Vimeo，Video Sharing For You”的热门标签

标签	video	videos	web2.0	sharing	vimeo	videoblog	tools	youtube	social	web
出现频率	1117	454	443	262	249	214	206	195	193	166

首先是内容的偏差，在对资源的标注中出现了各种不同的标签。尽管标签的丰富有助于全面地描述或理解资源内容，但过于个性化或异端的词汇无疑容易造成标签内容的偏差。例如，出现的“escribanoasin”、“tvcs”、“mangxahoi”、“voir”、“try”、“new”、“vid”、“v”、“a”、“ni0!!!!!”、“Bl”、“d”、“For”、“Yo”、“vi”、“--a”、“et”、“*”和“e”等标签，不是无法识别就是难以令人理解，不知其所指。

其次是标签在表达形式上的偏差。尽管标签意义能为人们适当理解，但在形式上却较为特殊，主要体现为标签的合成词和变形词，其中合成词又主要以直接合成和符号合成为主。直接合成的如“gooddesign”“socialnetworks”“highdefinitionvideo”“VideoSocialNetwork”“VideoSites”“onlinevideo”等。符号合成中，有使用“_”合成的，如“online_fun”“video_community”“Video_Streaming”“Video_Sharing”“web_video”“video_streaming”“social_software”“Online_Video_Publishing”“add_to_skdpnyc_mindmap”等。也有使用“-”进行合成的，如“reference-tools”“net-community”“youtubelike-video”“video-youtubelike”“online-media”等。还有使用其他形式符号的，如“onlinevideo/broadcast”“film/video”“design.inspiration”“firefox：bookmarks”等。

另外，变形词在标签中也非常普遍，在该资源的标注中，发现有“videoer”“blogem”“rekill”“archiv”“def”“artista”“favoritter”等。还有一些其他形式的标签，一般是将单词与符号合在一起使用，如“*warm*”“#info”“！daily”等，这些形式各异的标签不仅会造成理解上的困难，其表达形式也往往具有较大的随机性，并导致其在整个标注系统中的独特性，最终致使这些标签也难以起到用户资源纽带的作用。

值得注意的是，偏差不仅存在于长尾之中，在部分用户或资源的热门标签中，也有可能存在偏差。其中，形式上的偏差尤为突出。如果标注系统中的用户没有达成对这些标签的共同认识，那么，这些存在偏差的标签必将对信息的检索和推荐形成阻碍。此外，在内容或形式上具有偏差的标签，在整个标注系统内平均而言被标注的次数较低，因此，若采用传统的 TF-IDF 方法计算权重，则会使其在用户模型中具有更大的影响力，进而给推荐造成更大的负面效应。

本书从用户角度和资源角度分析了标注中的偏差行为，并指出冷门标签往往更容易产生偏差。在此，要明确强调一下用户与资源角度的不同。从用户角度而言，热门标签也有可能发生偏差，用户“ggg2000”的标注就是一例。但从资源角度来看，其热门标签是不存在偏差的，因为资源的热门标签是通过大部分用户的标注而浮现的，体现的是主流观点，而对偏差的定义就是基于这种主流观点的。除非目标资源是新添加的资源，当收藏次数较少时可能会发生暂时的标注偏差。或者在该资源进行标注的用户集体偏离了客观性的认识，而对资源进行了偏差性的标注。当然，该情况不属于本书讨论的范畴。另外，无论是用户角度的冷门标签，还是资源角度的冷门标签，其中发生标签偏差的可能性都较大。特别是资源角度的冷门标签，根据定义，可以直接将其作为偏差标签处理。

3.2 主流标签的确定

通过 3.1 节的分析发现，标签的偏差并不是一种偶然现象，而是普遍存在于标注系统之中。这种标注中存在的偏差对于建立适当的用户模型，进而找到匹配的信息资源，必然是一种阻碍。因此，如何消除这种偏差，或者如何将这种偏差所带来的负面影响降到最低，成为一个亟待解决的问题。标签的偏差不仅涉及用户理解，也包括用户对于标签内容的表达形式，所以消除用户的偏差也要从这两方面改进。但提供用户理解或引导用户使用适当的标签表达形式主要是从用户教育和培训入手，而这不是本书所关注的。本书主要分析的是，如何在用户标注存在偏差的前提下，将这种偏差在个性化推荐方面带来的负面影响降到最低。

在社会化标注系统中，任何用户都可以为资源添加标签。这些普通用户大部分没有经过专业的训练，知识结构各异，水平层次参差不齐，对于标签的选用也不受约束。可以说，社会化标注系统的这些情况与维基百科十分类似，都是开放式的，将权限交给大众的系统。很多观点认为，这种系统由于缺乏权威和任意性，会走向无序和混乱。但出人意料的是，这些由大众主导的系统却获得了蓬勃发展，不仅有了大量的注册用户与丰富信息，而且系统内的信息也趋于有序。2005 年 12 月在 *Nature* 发表的一项研究成果指出：Wikipedia 中条目的正确性，与《大英百科全书》（*Encyclopedia Britannica*）不相上下[217]，这一研究也充分展示并肯定了大众的力量。在社会化标注系统中，“涌现”出来的热门标签也是大众智慧协同的结果，这些标签显示了主流用户对该资源的认识。有理由相信，这些热门标签能够充分恰当地表达其所标注资源的内容。

标注偏差包括内容偏差和形式偏差，而热门标签统一了主流用户对标签内容和标签形式的共同认识。从根本上而言，偏差的存在是相对的，只要与主流用户的标签相一致，就不存在标注偏差的问题。甚至可以说，即使主流用户的标注也存在商榷之处，但只要大部分用户具有较高的一致性，就可以顺利实现资源的共享与推荐。因此，可以从热门标签入手来解决用户标注的偏差问题，这其中又涉及两个问题：一是如何确定提取热门标签的数量；二是提取了热门标签后，如何对用户的偏差进行修正。

对于特定的资源，其被用户收藏的次数不同，少则标注有几十个标签，多则标签数能达到数千上万个。同时，这些标签具有不同的标注次数，在 Delicious 网站中对这些标签按次数从多到少进行排序，显示出不同标签的热门程度。一般来说，越是热门的标签，越能显示出该资源的内容和特征。当然，资源内容的表达也需要相应的语境，就单个标签的情况，往往会由于语境的缺乏而使得其所能表达的含义有限且存在较大的模糊性，而若干标签的组合在一定程度上为相互之间的正确理解提供了语境。因此，不仅需要将最为热门的标签加以提取以体现资源的特征，还需要选定足够数量的标签，为信息的理解提供充分的语义，尽量减少信息的损失量，降低理解中的模糊性。但与此同时，资源中标签的质量会随着热门程度的降低而在总体上呈现出下降趋势，且将太多的标签纳入用户模型，会大幅增加相应的计算量，并有可能由于过多的标签而产生一定程度的语义混乱。因此，必须确定热门标签的最优数量。此外，单个用户在特定资源中添加的标签数量往往较少，在我们的数据中，其平均添加的标签数还不到 3 个，部分用户只添加 1 个或 2 个标签。过少的标签数量，往往不容易体现出资源的特征。因此，如果只吸收用户自身的标注，容易导致兴趣信息的显示不足。

3.2.1　热门标签的识别

在用户模型建立的过程中，我们先是识别出资源中的主流标签，而后在资源中主流标签的基础上建立用户模型，因此，在对标签偏差的处理中，只需要对资源的标签集进行偏差处理，就可以达到预期的结果，而无须同时对资源和用户所属的标签集进行偏差处理。在下面的讨论中，依据标签吸收数量的多少，给出三种不同的策略。

1. 最大吸收法

最大吸收法着眼于吸收尽可能多的用户标签进入用户模型。某个资源中特定标签的标注次数实际上代表了对该资源使用该标签进行标注的用户数量。当标注次数为 1 次时，则表示只有 1 个用户使用了该标签。当标注次数为 n 次时，则表示有 n 个用户使用了该标签。理论上，只要存在共同用户使用同一标签对目标资源进行了标注，就可以在用户与用户之间建立起联系，并有可能依据该联系进行资源的推荐。因此，只要标注次数 $n \geqslant 2$，就可以将目标标签吸纳到用户模型的构建中。

在实际的标注系统中，标注次数仅为 2 次的标签有时会存在较大的标注偏差问题。同时，对于收藏次数较多的资源，标注次数在 2 次以上的标签可能有成百上千个，而且这些标签在表达内容上具有较大程度的重复性。如果将如此大规模的标签吸纳到用户模型，无疑容易造成模型臃肿。因此，在实际应用中，可以适当提高 n 的取值。

2. 拐点判断法

在此通过对 Delicious 中实际数据的分析，来确定热门标签的最佳数量，做到既可以充分代表资源的内容和特征，又不必耗费过量的计算资源。具体地，本书从 Delicious 网站选取了 3 组资源，每组包括 7 个 URL，通过标签分布规律的分析，探索热门标签的最佳数量。

第一组数据的收藏次数较少，分别为 104、111、134、126、103、111 和 128 次。在图 3.5 中，不同灰度的点分别代表数据中的 7 个资源。可以看到，最高标注的标签被使用次数接近 100，前 30 个标签的标注次数明显高于其他标签，在接近第 30 个标签处，标签的使用次数已经下降至一个较为稳定的水平。用平均标注率来衡量用户使用某个标签对资源进行标注的比例，计算公式如下：

$$\text{平均标注率} = \frac{\text{标注次数}}{\text{用户收藏次数}} \tag{3.1}$$

根据式（3.1），计算在第 30 个标签处，该组资源中用户对目标标签的平均标注次数大约为 2 个，平均收藏数为 117 个，因此可以得到平均标注率仅为 1.71%，说明在平均 100 个用户中，平均只有 1.71 个用户使用了目标标签对资源进行标注。应该说这个比例是非常低的，代表了大部分用户并不认同该标签所能代表的资源的特征。

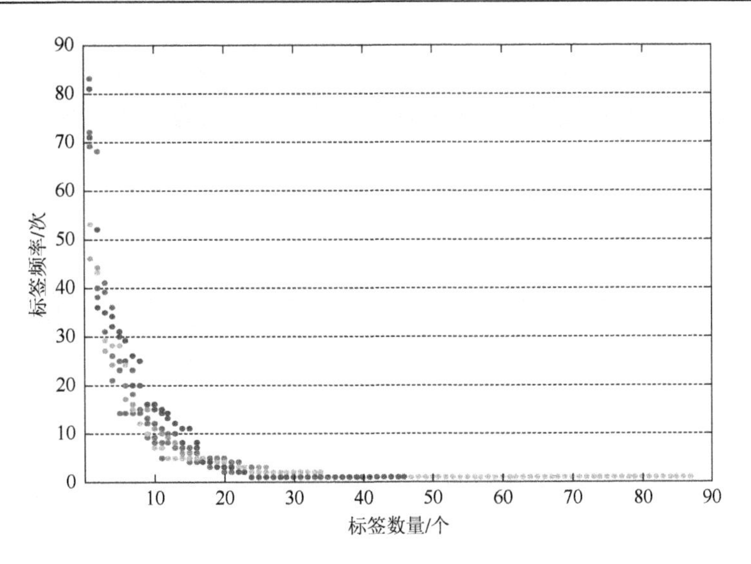

图 3.5　第一组资源中的标签分布

第二组数据的收藏次数比第一组稍多，分别为 633、755、733、496、895、363 和 702 次。从图 3.6 中可以大致判断出，前 50 个标签在标注次数上处于绝对优势。而在 50 个之后的标签，其标注次数陡然下降，且变化较小。

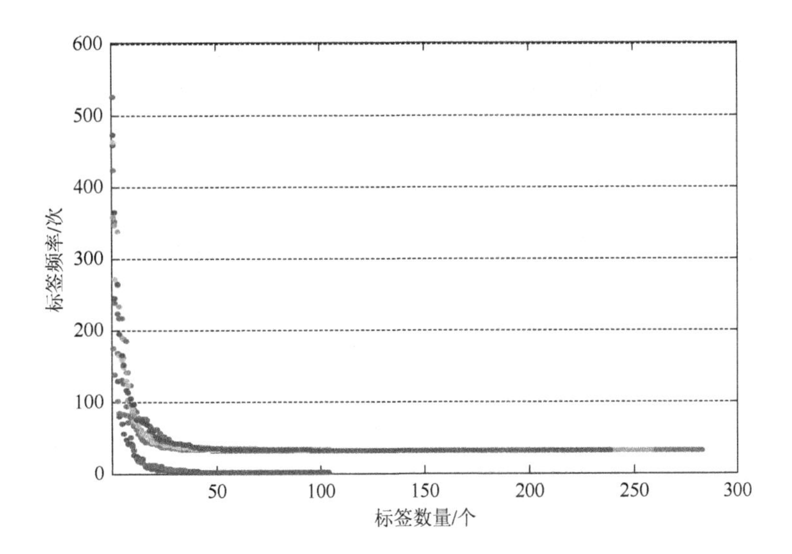

图 3.6　第二组资源中的标签分布

该组资源的标注次数较多，因此将标注次数最高的 10 个标签，以及标注次数在 3 次以下的标签去除后，得到该组资源中标签分布的局部图，如图 3.7 所示。

可以看到，在第 20 个标签附近，平均标注次数已在 10 次左右。如果按 10 次计算，平均标注率只有 1.53%。

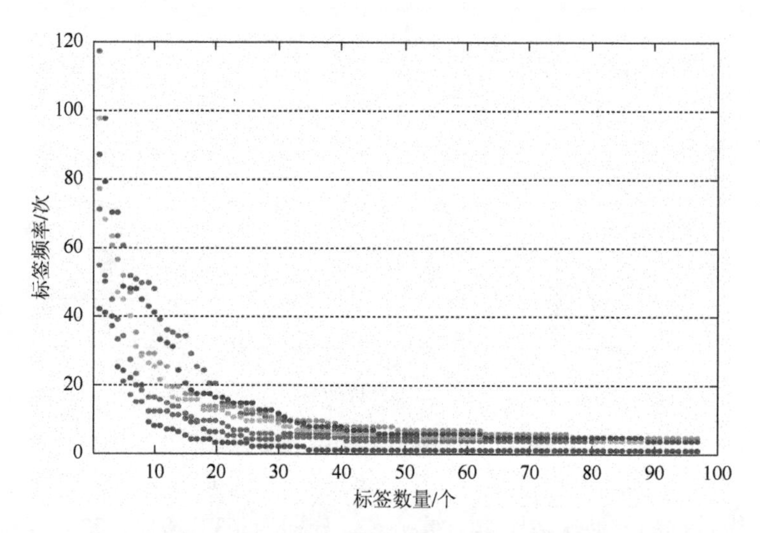

图 3.7　第二组资源中标签分布的局部图

对于第三组数据，选择用户收藏次数较高的资源，分别为 10693、8118、2354、1502、2463、4949 和 10257 次。将这些资源中标签频率最高的 250 个标签绘制成图，如图 3.8 所示。可以看到，尽管最高标注频率的标签被标注了近 1200 次，但每个资源标注次数较多的仍旧为前 50 个标签。同样，在接近第 50 个标签处，标签的标注次数存在一个陡然下降的过程，并且标签标注次数的变化也不再显著。

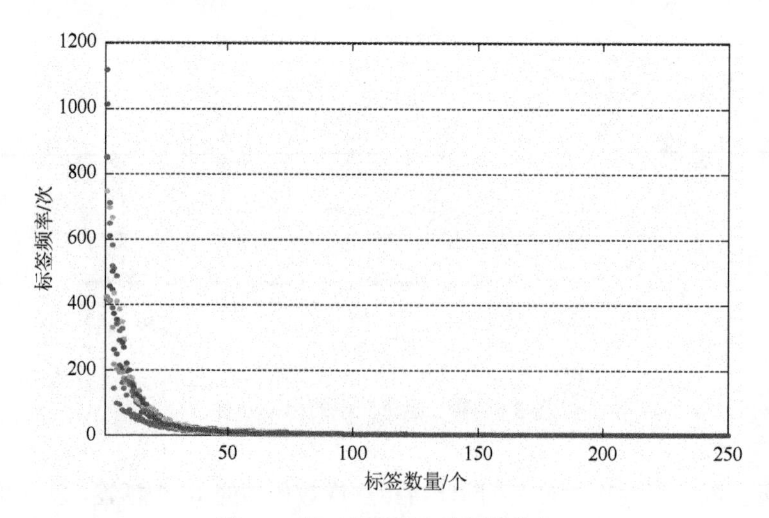

图 3.8　第三组资源中的标签分布

类似地，为分析标签分布的微观特征，将上述7个资源中的前10个标签暂时移除，以进一步观察标签在临近标注次数拐点时的状况。在图3.9中可以大致判断出，在第20个标签处，各个资源的平均标注次数已不到40次。按照收藏上述资源的平均用户收藏数5762次计算，表明在所有标注了该资源的用户中只有0.69%的用户使用了该标签。这个比例无疑是非常低的，也是非常不利于资源共享与查找的。

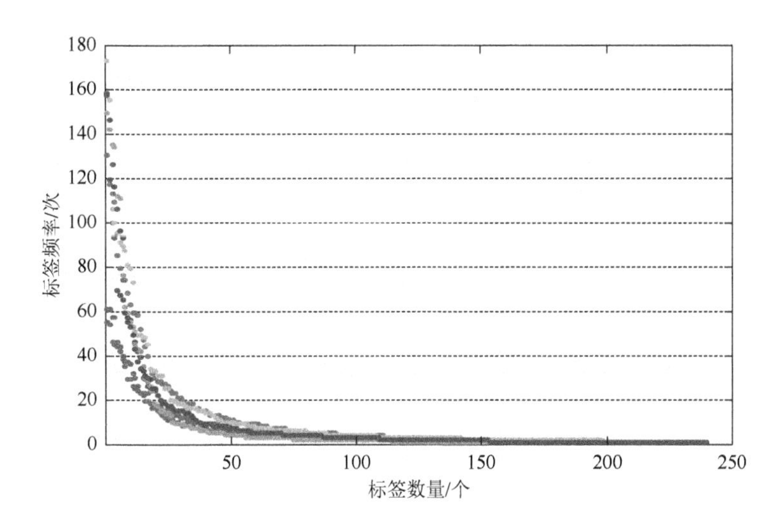

图3.9　第三组资源中标签分布的局部图

通过上述分析，可以得到一些推断和结论：热门标签在所有标签中只占小部分，标签的标注次数在开始时下降非常迅速，随后逐渐趋于平稳。前30个标签的标引次数明显高于其他标签，是标注次数的拐点。在第30个标签处，收藏用户中的平均标注率都低于2%。同时，平均标注率随着收藏用户的增多而降低。在本书的研究中，随着收藏次数的增加，平均标注率从1.71%降低到1.53%，最后降到了0.69%。原因可能是用户的标注行为越来越趋于一致，越来越偏向于使用热门标签进行标注。因此，综合考虑较低的平均标注率及拐点，本书将前30个标签作为热门标签，并试图将其引入用户模型中。

3. 最小最大法

标签和关键词在内容表达的用途上是较为一致的，因此，还可以参照文献中关键词的数量来确定主流标签的个数。关于文献中关键词的数量，《科学技术报告、学位论文和学术论文的编写格式》（GB 7713—2014）中规定，每篇报告、论文可以选取3～8个词作为关键词。也就是说，最低不要少于3个，最多也不要超过

8 个。同时，一般国际期刊对关键词的要求是 5～10 个。因此，总体而言，关键词的数量都控制在 10 个之内。

但关键词是作者本人或领域内专家给出的，而社会化标注是普通用户的行为，尽管最为热门的标签是基于大量用户标注而涌现，具有较高的信息质量。但在对 Delicious 的分析中发现，即使是最热门的标签，也存在着一定程度的重复现象，主要表现是标签的合成词和单复数问题。实际上对于该问题，本书 3.1 节也进行了探讨，对资源中最热门的 10 个标签的分析中，常常发现类似标签的重复，如表 3.2 中的"algorithms"与"algorithm"，表 3.3 中的"visualization"与"visualisation"、"design"与"webdesign"，表 3.10 中的"webdesign""web""design""web-design"，表 3.12 中的"web"与"web2.0"，表 3.13 中的"video"与"videos"等，都是非常典型的例子。鉴于此，本书试图对此作一补偿，确定取前 10 个标签作为资源特征的代表。

至此，本书给出了三种热门标签的识别策略，第一种策略吸收的信息量最大，但计算量也大，比较适合于标注信息较少时的情况。第二种策略吸收标签数量较为适当，更容易在实践中实施。实际上，Delicious 网站对单个资源中的标签也是只显示其前 30 个标签。第三种策略吸收的标签最少，比较适合在资源和用户较多的标注系统中采用，既能减少计算量，同时较多的标注次数也更能显示热门标签的代表性。

3.2.2 主流标签的确定

在热门标签确定思路的基础上，结合 TF-IDF 算法将目标资源中标签的标注次数转化为权值。TF-IDF 算法不仅考虑了标签在目标资源中的标注次数，也关注该标签在标注系统中其他资源中的出现频率。在相同的目标资源标注次数下，特定标签在其他资源中出现的频率越高，越会削弱该标签在标注系统中对目标资源的代表能力，因此，该标签所能获得的权值就相对越小。反则亦然。

在计算了标签的权值后，根据权值的大小对标签进行排序，并将大于一定阈值，或者权重最大的前 30 个标签，或者权重最大的前 10 个标签称为目标资源的主流标签，并将标注了这些标签的用户统称为主流用户。由于考虑了标注系统中其他资源中的标注状况，主流标签相比热门标签而言，是对资源特征更为合理的概括，同时也有利于资源的查找与推荐。本书后续研究中的用户模型和资源模型，都是建立在主流标签的基础之上的。

3.3 用户协同模型的建立

现有研究对于用户模型的构建，都假设了用户标签在形式和内容上不存在偏差。但在对资源标注数据的分析中发现，用户标注行为的偏差，特别是在标签形式上的偏差，几乎在每个资源的标注中都有出现。因此，如果继续传统的研究思路：一方面，用户模型尽管体现个性化的特征，但也存在偏差标注带来的风险；另一方面，资源模式则是主流用户的思维，这种情况必然会给用户资源模型的匹配造成阻碍，推荐算法的查全率和查准率也都将受到影响。

因此，必须改变这种模式，将用户模型的建立由原来采用目标用户标注的标签，转为采用主流用户标注的标签，尽管存在将用户所标注的个性化标签钝化或淹没的可能。通过以主流标签为纽带，协同用户在资源中的相关标签，构建其用户协同模型。实际上，本书认为体现用户个性化的不是用户的用词奇特性或形式特殊性，而是基于用户表达概念、内容的正确性和适当性，个性化是从对不同概念、内容偏好的组合中显示出来的。

用户协同模型建立的目的在于解决用户标注行为中所存在的偏差问题，建立更为合理的体现个性化的用户模型。在本书的研究中，采用向量空间模型作为用户模型的表示形式，即将用户模型表示为

$$u_i = \left[\begin{array}{c|c} t_1 & w_1 \\ t_2 & w_2 \\ t_3 & w_3 \\ \vdots & \vdots \\ t_m & w_m \end{array}\right] \tag{3.2}$$

其中，u_i 表示第 i 个用户的模型；t_m 表示用户模型中所包含的第 m 个标签；w_m 表示对应的权重。在下面所涉及的若干图示中，为了表述方便，往往省略模型中的权重部分，而只用标签部分来代表用户模型。

用户模型中标签的确定仅仅是问题的一个方面，还需要对这些标签赋予相应的权重。传统的推荐理论认为，用户在某一资源（URL）上停留时间的长短是与用户对该页面的兴趣成正比的，并且可以通过根据用户检索中某概念出现的频率来判断用户对该概念的感兴趣程度。而在社会化标注系统中，通常认为的用户兴趣程度大小是与标签的使用频率相关的。但本书认为，在宏观上，用户的兴趣程度是与标签的使用频率成正比的；但在微观上，涉及对单个资源兴趣程度大小的判断时，很有可能是与其在资源上所标注的标签个数相关。对于兴趣程度大的资源，用户标注的标签个数就可能较多。对兴趣程度一般或较小的资源，用户标注的标签个数就可能较少。

本书对 341288 组＜用户、标签、资源＞数据分析得出，用户对资源的平均标注数为 2.8736 个。在此，将其近似于 3 个加以处理，并以此为分界线，对于目标用户在特定资源中标注超过 3 个标签时，赋予大于 1 的兴趣值。而少于 3 个标签

的情况，则给予小于 1 的兴趣值。在得到用户对单个资源的兴趣程度后，就可以在汇总用户的标签时，将权值的影响加以吸收，得到更为细致的用户模型。

$$\mathrm{IntR}_{i,j} = \lg[(p_{i,j} - 3) + 10] \tag{3.3}$$

其中，$\mathrm{IntR}_{i,j}$ 表示第 j 个用户对资源 i 的兴趣程度；$p_{i,j}$ 表示用户 j 在资源 i 中添加的标签个数。

用户协同模型构建思路如图 3.10 所示：①在确定目标用户的基础上，得到该用户所标注的资源集；②对于资源集中的每个资源，计算资源中每个标签的权重，并按标签权重的大小，得到每个资源的主流标签；③将每个资源的主流标签加总到向量中，建立用户协同模型。

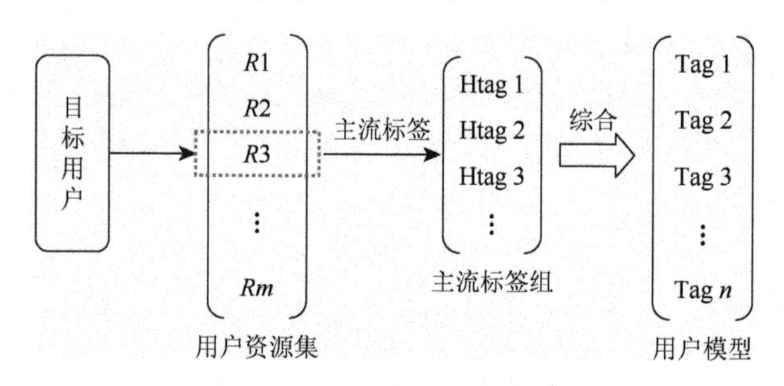

图 3.10 用户协同模型构建思路

在此，将用户模型表示为单一向量的形式，通过将用户所标注资源的特征直接用该资源的主流标签加以替代，并将这些主流标签汇总到同一向量中。同时，用户对资源的兴趣程度可以在其所标注的标签个数上得到一定的反映。因此，在汇总各个资源的主流标签时，根据用户在目标资源中所标注标签的个数，通过式（3.3）将其转化为兴趣值，相乘后计入用户模型。实际上，根据主流标签不同的选择标准，有多种可以选择的策略。此外，还可以将不重合的标签也吸收到用户模型，具体吸收的标准在于权衡标签的吸收所增加的噪声、计算量及推荐效果之间的得失。

在算法 3.1 中，直接将目标用户各个资源对应的主流标签吸纳到了用户模型，同时将用户的标注次数转化为兴趣值也计入了模型，使得模型更为精确化。算法中涉及的 TF-IDF，具体是按照第 5 章中的式（5.7）计算，下面模型中的情况也相同。但在该算法中，并没有吸收目标用户原先所使用的标签，尽管部分情况下这些标签也包含着重要的信息。

算法 3.1 基于主流标签的用户协同模型

1：对于每一个用户所标注的资源 R

2：计算每个标签的权重 w

3：依据 TF-IDF 计算 w

4：依据 3.2 节所提出的任意一种策略，识别出代表资源 R 的主流标签 Top$N$

5：创建 m 个向量 TV，存储不同的主流标签 Top$N$（w）

6：创建 m 个向量 V，存储用户对目标资源所使用的标签

7：对于每一个向量 V

8：计算标签个数 p

9：更新对应向量 TV 中所有标签的权值，$w^* = w \times \lg[(p-3)+10]$

10：加总所有向量 TV，对标签权重进行归一化处理

11：得到用户模型 $U = [\text{tag} \mid w^*]$

在单个资源的标签中，往往有若干个描述维度或内容组成的部分，不同的用户对于不同内容的敏感度和兴趣点也是不尽相同的。因此，即使在对同一资源的标注中，也不可避免地存在一定的内容选择性或偏向性。而算法 3.1 并没有考虑目标用户的标签。在此，提出算法 3.2，将用户原有的标签全部吸收进入用户模型，以突出用户的自我选择。

算法 3.2　基于主流标签和目标用户标签的用户协同模型

1：同算法 3.1 的前 6 步

2：对于每一向量 V

3：将其中每个标签的权重设定为 Top$N$（w）的平均值

4：将 V 中的标签 VT 添加到向量 TV 中

5：判断向量 V 与 TV 中的标签是否重合
重合：TV（w）= TV（w）+ Top$N$（w）的平均值
不重合：TV（w）= Top$N$（w）的平均值

6：对于每一个向量 V

7：计算标签个数 p

8：更新对应向量 TV 中所有标签的权值，$w^* = w \times \lg[(p-3)+10]$

9：加总所有向量 TV，对标签权重进行归一化处理

10：得到用户模型 $U = [\text{tag} \mid w^*]$

应当指出的是，在该算法的第 5 步中，对添加的标签分两种情况处理：一是向量 V 中的部分标签可能与 TV 中的标签重合。对于重合的标签，只需要在原有权值的基础上，直接加上 Top$N$（w）的平均值。二是对于非重合的标签，将其权值定义为 Top$N$（w）的平均值。

第4章　基于社会化标注的用户多兴趣模型

在社会生活中，人们所接触的事物往往是多种多样、极其丰富的。变化万千的世界，也在人的心里播下了向往多姿多彩的种子。就社会人而言，日常生活中所需触及的事物也是多方面的，包括上班工作、家庭生活、休闲娱乐等。正是多种多样的生活，才构成了丰富的立体人生。同样，在科学研究领域，也存在着多样化的需求。这表现在同一领域中，研究者存在对多个兴趣主题的关注。例如，某个学者不仅对计算机领域中的数据库技术感兴趣，也密切关注数据挖掘的相关进展。而在不同领域中，多样性的需求表现得更为明显。尽管当前有部分教育强调“专”和“精”，但“半个人”的教育理念早已受到广泛的质疑。在大多数情况下，研究者不仅有其所专长的领域，还往往对社会、人文、自然等一般性领域有着一定程度的了解与兴趣。此外，现代学科的交叉性也越来越强，如最近IBM提出的服务科学的研究，要求研究者具备“T”字形的知识结构。因此，无论是普通社会人还是科学研究者，其兴趣的多样性是一个极为普遍的现象。

可以说，这种多兴趣的特征在社会化标注系统中也得到了反映。在标注系统中，可以发现用户使用的标签类别往往存在着较大的跨度，这种跨度恰恰对应于不同的兴趣点。但是，在现有利用社会化标注系统来构建用户模型的研究中，常常将标签信息简单表示为单个向量的形式，将表示不同的用户兴趣的标签混合地加以堆放。这种处理不仅会损失原有标签间所存在的语境信息，并导致兴趣的混合与模糊，还有可能生成新的无法预料的语境和语义。例如，对标签“free”，如果是单一给定的情况，我们无法判断其是表示“自由”还是“免费”，而如果是“free”“resource”“downloads”一起给定，则有理由判断其为“免费”的意思。这就是语境信息。但是，如果将许多不同主题资源的标签毫无层次与结构地加以堆放，则极有可能产生原有语境的混乱及新的无法预料的语义。

图4.1就是一个例子，左边三个框代表了三个资源的最热门的10个标签，可以看到：标签“tools”“free”“search”原本分属于三个不同的资源，并有其各自的语义。但将三者进行混合后，其产生的新的语义就有可能返回与前三者主题相差较大的结果。在该示例中，“tools”原指“网格设计中的工具”，“free”指“免费的音乐资源”，“search”指“在纽约旅游时对地点的查询”。但在将三者混合后，返回的资源主题却成了“免费的搜索工具”。

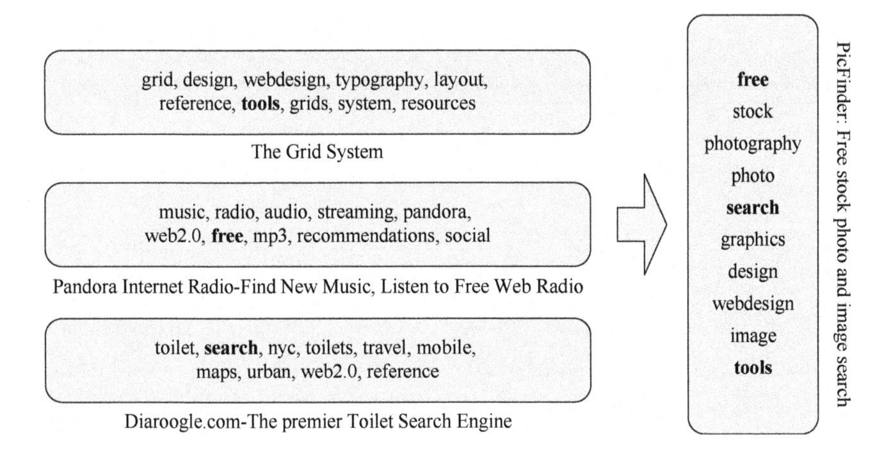

图 4.1　标签的简单加总可能生成的新语义

因此，在构建用户模型的过程中，不能随意将用户在不同资源上所标注的标签进行简单加总处理，尤其是对于不同主题的资源。可以说，用户在同一资源上所标注的标签之间往往具有相互关联与依存的语境信息，这种语境信息是正确理解标签含义的必要条件。而对标签的简单加总不仅会破坏这种信息，对标签的随意组合，还有可能产生无法预料的误导性信息，进而在进行用户模型与资源模型的匹配时，返回相关度较低的信息资源。

4.1　用户多兴趣的验证

本节试图通过对社会化标签网站（Delicious）的考察，对用户的多兴趣性进行验证。主要的验证思路包括两个方面：一是通过标签的数量，间接证明用户兴趣的多样性；二是随机选择若干用户，再将这些用户所标注的资源进行内容分析，考察其是否属于不同主题。

4.1.1　用户标签数量的分析

本书试图从用户所标注标签的数量来侧面推断用户兴趣的多样性，在对 Delicious 网站用户的考察中发现，相当比例的用户拥有极其丰富的标签。在随机考察的近 40 个用户中，就有 10 个用户的标签在 1000 个以上，甚至还有用户的标签数超过了 2000 个，如表 4.1 所示。如果这些标签都描述的是同一领域的内容，其概率无疑是非常小的。

表 4.1 标签数在 1000 以上的 10 个用户

用户	Ruderman	esolis	Liao	jmcg	hambone1111	gd007	markerdmann	Jorge	hayosh	Hester
不同标签数	1279	1198	1107	1052	1386	1182	1731	2184	1137	1358

对这些用户的标签加以进一步的分析发现：相关标签在不同主题资源中都有一定的使用频率。以用户“gd007”为例，其标注次数在 10 次以上的标签有 250 个，5 次以上的标签有 386 个。在这些标签中，包括许多具有不同主题的标签，如表 4.2 所示。从这些标签及其标注次数来看，用户“gd007”的主要兴趣点在于编程、程序语言领域。但与此同时，该用户对幽默、艺术、政治、娱乐、购物、历史等众多领域有着广泛的兴趣。

表 4.2 用户“gd007”标注的不同主题标签

标签	programming	humor	education	art	politics	entertainment	comics	shopping	music	history
标注次数	736	146	106	84	62	57	34	32	28	24

与此同时，有些用户尽管标引的标签数量相对较少，但也表现出广泛的兴趣。以用户“ahmedre”为例，该用户对 6751 个 URL 标引了 413 个不同的标签，其最关注的也是编程语言，如“web”被标注了 640 次；“osx”被标注了 384 次；“programming”被标注了 351 次。同时，该用户对其他领域也表现出相当程度的兴趣，一些典型的标签包括“islam”“humor”“games”“travel”“health”“food”等，分别标注了 91、78、67、60、41、31 次。

4.1.2 用户标注资源的内容分析

如果说标签只是对资源的片段描述，单一的标签不具备语义的具体倾向性。那么，对于资源内容的分析，无疑会使我们对用户在标注系统中具有多个兴趣的探讨更具说服力。在社会化标注系统中，用户一般会对多个资源进行标注。在所收集的数据中，用户平均的资源收藏次数为 864.6 次。这还仅仅是局部的数据，由于 Delicious 网站数据量过于庞大，且存在访问的限制，本书很难将其数据全部下载下来。因此，实际的收藏次数会更多。

在此，选择两类用户的数据：第一类是收藏资源数较少的，如用户“JC Tay”，该用户共收藏 55 个资源，使用 91 个不同标签；第二类是收藏资源较多的，如用户“ahmedre”。

表 4.3 和表 4.4 是对用户“JC Tay”和“ahmedre”收藏的具有不同主题的资源标题的列举。通过观察这些资源的标题可以很明显地发现，用户的兴趣十分广泛且跨度较大，包括 Web 设计、旅游、搜索、游戏、新闻、信仰等多个方面。同时，用户的多兴趣性与其收藏资源的多少并没有直接的关联，收藏资源较少的用户也表现出多方面的兴趣。因此，有理由相信，对于那些标注了成百上千个标签的用户而言，其表现出的兴趣主题将更为广泛。

表 4.3 用户“JC Tay”收藏的不同主题的资源

主题	资源标题
Web 设计	8 Ideas，Techniques & Tricks for your Web Design Toolkit
旅行摄影	7 Travel Photography Tips
创新与个性	Characteristics of an Innovator
商业意识	5 Rules of a Good Business Mindset
信息搜索	Google Search-based Keyword Tool

表 4.4 用户“ahmedre”收藏的不同主题的资源

主题	资源标题
天气图标	Free Weather Icons Collection
网络电话	11 Great Tools for Making VoIP Calls on the iPhone
在线电影	Welcome to Watch Free Movies Online
分布式系统	Readings in Distributed Systems
商业书籍	The 77 Best Business Books（The Personal MBA）
可视化工具	Advanced Data Visualization Tools using Javascript	84 Bytes
博弈论	Game Theory—Open Yale Courses
新闻	Spreed News Home
高清壁纸	Top 11 HD Wallpaper Sites
化石	Fossil：Documentation
在线游戏	Play Chronotron，a free online game on Kongregate
日本旅游	10 Japanese Customs You Must Know Before a Trip to Japan
穆斯林	MuslimMatters.org	Archive for ramadan

基于上述分析，本书明确了用户具有多兴趣的特征。而现有的将用户多个兴趣混合加以处理的方式，会破坏标签间的语境信息并有可能生成误导性的语义。同时，如果将用户模型表示成完全保持原始标签间语境信息的形式，即为每个用户所标注的资源单独保存为向量的形式，再将其分别与每个资源进行匹配，所需

的计算量和运算效率无疑都是不理想的。在此，本书提出通过聚类的方法，将用户标注的标签或资源进行聚类处理，寻找标签/资源中的社团，得到用户的子兴趣，在提高模型精确性的同时减少计算量。可以说，在目前对社会化标注系统的研究中，聚类也是最为常用的获取额外信息的方法[113]。

4.2 聚类分析方法

因此，现在问题变成了如何将标签或资源进行科学合理的聚类，以便聚类的结果能恰当地对应用户各个子兴趣。同时，尽量避免将相关度不大的，或者不属于同一用户兴趣点的标签或资源混合在一起。应该说，目前已有较多成熟的相关聚类算法，以下就对这些主要聚类算法加以简单介绍，在此基础上，提出本书所采用的派系过滤法。

4.2.1 传统的聚类方法

目前，基本有五类较为主流的聚类算法，包括划分聚类算法、层次聚类算法、基于密度的聚类算法、基于网格的聚类算法及基于模型的聚类算法。这些聚类方法各有特点与优势，但同时也存在着一定的不足[218]。

（1）划分聚类算法。给定一含 n 个对象的数据集和需要构建的划分数目 K，该算法是通过一个划分准则把数据划分成若干个子类，每个划分表示一个聚类，并且 $K \leqslant n$。划分聚类的典型算法主要有 K 均值和 K 中心点算法，都是较为成熟且应用较广的算法。

（2）层次聚类算法。该算法是把数据集分成多个层次，然后对不同层次的数据进行划分聚类，输出结果是一棵层次化的分类树。根据聚类方向的不同，层次聚类可以分为凝聚法和分裂法。凝聚法首先将每个对象作为一个原始簇，然后合并这些原始簇，直到所有的对象都在一个簇中，或满足某种终止条件为止。分裂法则首先将所有对象置于同一簇中，然后逐渐细分为越来越小的簇，直到每个对象自成一簇，或者达到某个终止条件。典型的层次聚类算法包括利用层次方法的平衡迭代规约和聚类（balanced iterative reducing and clustering using hierarchies，BIRCH）、利用典型代表聚类（clustering using representatives，CURE）、利用链接的鲁棒聚类（robust clustering using links，ROCK）、变色龙聚类等聚类算法。

（3）基于密度的聚类算法。该方法与其他聚类的本质区别是：该方法不是基于各种各样距离，而是基于密度。通过把密度足够大的区域连接起来，可以发现任意形状的聚类结果。该方法的主要思想为：只要一个区域中的点的密度大于某个阈值，就把它加到与之相近的聚类中。密度聚类的主要代表算法有：具有噪声的基于密度的聚类（density-based spatial clustering of applications with noise，DBSCAN）算法、邻域点排序聚类结构识别（ordering points to identify the clustering structure，OPTICS）算法、基于密度的聚类（density-based clustering，DENCLUE）算法等。

（4）基于网格的聚类算法。该方法采用了一个多分辨率的网格数据结构，将数据空间划分成为一定数量的网格单元，所有的处理都是以单个单元为对象的。该方法的优点是处理速度快，通常与目标数据库中记录的个数无关，而只与把数据空间分成多少个单元有关。网格聚类的代表算法有：基于统计信息网格方法（statistical information grid-based method，STING）、探索聚类（clustering in QUEst，CLIQUE）、小波变换聚类(wave cluster，WC)等算法。

（5）基于模型的聚类算法。该方法是为每个聚类假设一个模型，然后去发现符合相应模型的数据对象。基于模型的算法可以通过构造一个描述数据点空间分布的密度函数来确定具体聚类。基于模型的方法主要有三类：概率统计方法、机器学习方法和神经网络方法。其中机器学习中的最大期望（Expectation-Maximization，EM）方法在标签研究中常用。

尽管上述方法在相关应用中有着较好的分类效果，但存在着一定的不足。例如，划分聚类算法的缺点是要求事先给出聚类数 k，否则很难得到准确的聚类结果。而层次聚类算法的终止条件往往比较含糊，而且执行合并或分裂簇的操作不可修正，从而导致层次聚类算法的聚类结果质量不高。基于密度的算法则对于参数选择的要求比较敏感，参数的略微不同就可能显著地影响聚类的结果。而参数的确定恰恰是高维数据中的难点，这也给基于密度方法在高维数据中的应用加大了难度。在网格聚类中，网格单元的数目随着维数的增加而呈指数增长，进而带来算法计算量呈指数形式增长，对于高维数据的情况算法效率较低。在基于模型的聚类中，一旦数据不能较好地吻合模型的假设分布，则将导致低质量的分类结果。

在社会化标注系统中，很难给出用户的子兴趣数。同时，其中所要处理的数据单位可能是上百万条，如此高维度的数据可能会使传统的聚类概念失去意义。可以说，在高维空间中进行聚类是一个异常困难的问题。这种困难性不仅来自聚类算法效率的下降，更重要的是，由于高维空间的稀疏性和最近邻特性，在其中几乎不可能存在数据簇。因为在这样的数据空间中，任意位置的点的密度都是很低的，并可能存在一些均匀分布的孤立点。这些现象造成了高维全空间上的距离函数可能失效，基于全空间距离函数的聚类方法不适合于高维空间中。因此，大多数的传统聚类算法在高维空间中将失去作用。

不仅如此，社会化标注系统中同一标签还有可能分属于不同的类。如在图 4.2 中，标签“apple”同属于两个类，如果强行将其划入其中一个类中，则对于另外一个类而言，其信息表示都将是不完整的。可以说，聚类的重合在社会化标注系统中是有重大意义的，重合标签可能是构成不同用户兴趣的必要一环。在现有的研究文献中，对于标签或者资源的聚类提出了较多的处理方法，包括 SOM、谱聚类、KL 离散（Kullback-Leibler divergence）法、马尔可夫（Markov）聚类等多种分析方法。但这些分析方法也并不支持聚类的重合。因此，有必要找到一种既支持聚类的重合，又能够满足高维数据运算的聚类方法。

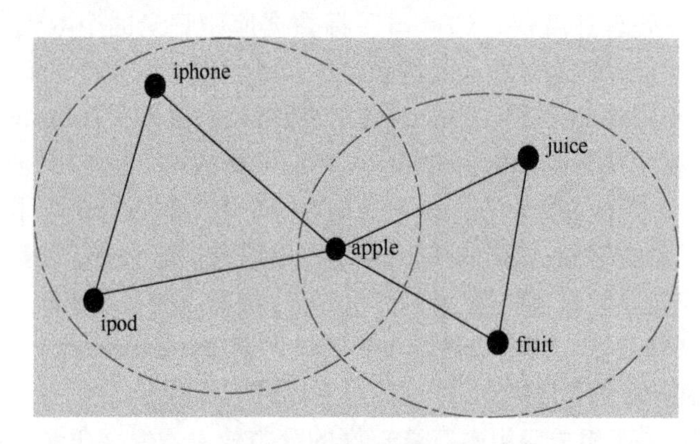

图 4.2　标签同属于不同类的一个例子

4.2.2　派系过滤法的基本理论

由于社会化标注非常适合于表现成网络的形式，相当多的已有文献，不仅对网络方法在社会化标注中的可行性进行了探讨，还进一步通过网络及其相应的处理手段对社会化标注进行了分析。例如，有研究者在对 CiteULike 获取的数据进行统计特征分析时，验证了社会化标注系统有形成复杂网络的趋势[219]。在此基础上，更有研究在对标签网络的分析中发现，这些网络呈现出小世界和无标度属性。因此，研究者认为可以用复杂网络的理论来进行探讨[220]。

鉴于此，本书引入了复杂网络中的派系过滤法（clique percolation method，CPM），该方法允许聚类重叠，支持高维度数据的计算，并且是基于链接的密度的局部算法，从而可以有效识别出任意形状的类别，是处理社会化标注中标签和资源聚类的较好方法。以下简要给出该方法的主要思想[221]，该方法中所说的社团也就是类，寻找社团结构是与聚类相等价的。

1. *k*-派系社团的定义

Palla 等认为，一个社团（community）从某种意义上可以看作一些互相连通的“小的完全连接网络”（完全图）的集合。这些“小的完全连接网络”称为“派系”（clique），而 *k*-派系（*k*-clique）则表示节点数目为 *k* 的完全连接网络。如果

两个 k-派系间存在 $k-1$ 个共同节点，就称这两个 k-派系是相邻的。如果 k-派系 i 可以通过若干个相邻的 k-派系到达另一个 k-派系 j，就称 i 和 j 这两个 k-派系是相互连通的。可以说，网络中的 k-派系社团可以看作由所有彼此连通的 k-派系构成的集合。例如，当 $k=2$ 时，对应的 2-派系就代表了网络中的边，而 2-派系社团即代表网络中各个连通节点的集合。类似地，当 $k=3$ 时，对应的 3-派系就代表网络中的三角形，而 3-派系社团即代表彼此连通的三角形的集合。

值得指出的是，在网络中某些节点可能是同属于多个 k-派系的节点，而它所在的这些 k-派系又并不相邻。因此，这些节点就成为不同 k-派系社团的重叠部分。即利用 CPM 往往可以找出网络社团中的重叠部分。对于一个大小为 s 的全连接网络来说，从中任意挑选 k（$k\leqslant s$）个节点，都可以形成一个 k-派系。同时，两个有 $k-1$ 个共同节点的大于 k 的全连接网络之间，也总能够形成一个 k-派系。因此，在 CPM 算法中，只需要寻找网络中各部分最大的全连接子图（派系），就可以利用这些最大的全连接子图来寻找 k-派系的连通子图（k-派系社团）。

2. 寻找网络中的派系

CPM 是通过采用由大到小、迭代回归的算法来寻找网络中的派系。首先，从网络中各节点的度就可以确定网络中可能存在的最大全连接网络的大小 s。选择网络中任意一个节点作为初始出发点，在找到所有包含该节点的 s-派系后，删除该节点及所有与该节点直接连接的边。其次，选取另一个节点，再重复上述步骤直到网络中没有节点为止。这样，就可以找到网络中所有的 s-派系。再次，以步长为 1 逐步减小 s，并依次执行上述过程。最后，就可以得到网络中所有不同 s 取值的派系。

对于如何从一个节点出发寻找包含该节点的所有 s-派系，采用了迭代回归的算法。假设节点 v 是目标节点，对于节点 v 定义两个集合 A 和 B。其中，集合 A 为包含节点 v 在内的两两相连的所有节点的集合，集合 B 则是与集合 A 中各节点都相连的节点的集合。为避免对某些节点的重复包含，在算法中对集合 A 和 B 中的节点都按节点的序号顺序进行排列。

在定义了集合 A 和 B 的基础上，迭代回归算法的具体过程如下。

（1）初始集合 $A=\{v\}$，$B=\{v$ 的邻居$\}$。

（2）从集合 B 中移动一个节点到集合 A，同时对集合 B 进行更新，删除集合 B 中不再与集合 A 中所有节点相连的节点。

（3）如果集合 A 的大小未达到 s 前，集合 B 已为空集；或者集合 A、B 是一个现有的较大派系中的子集，则停止计算，返回递归的前一步。否则，当集合 A 达到 s，就得到一个新的派系，并记录该派系。然后返回递归的前一步，继续寻找新的派系。由此，就可以得到从节点 v 出发的所有 s-派系。

3. 寻找 k-派系社团

在找到网络中所有的派系以后，就可以得到这些派系的重叠矩阵。对于重叠矩阵而言，其中的每一行（列）对应一个派系。对角线上的元素表示相应派系的大小（派系所包含的节点数目），而非对角线元素则代表两个派系之间的共同节点数。由定义可知，该矩阵是一个对称的方阵。得到派系的重叠矩阵以后，就可以利用它来得到任意的 k-派系社团。k-派系社团就是由共享 k–1 个节点的相邻 k-派系构成的连通图。因此，在派系重叠矩阵中将对角线上元素值小于 k，而非对角线上元素值小于 k–1 的那些元素设定为 0，同时，将其他元素设定为 1，就可以得到 k-派系的社团结构连接矩阵（图 4.3）[221]。其中，各个连通部分分别代表各个 k-派系的社团。在图 4.3 中，在 $k=4$ 的前提下，CPM 就将原先的网络分为了两个社团。

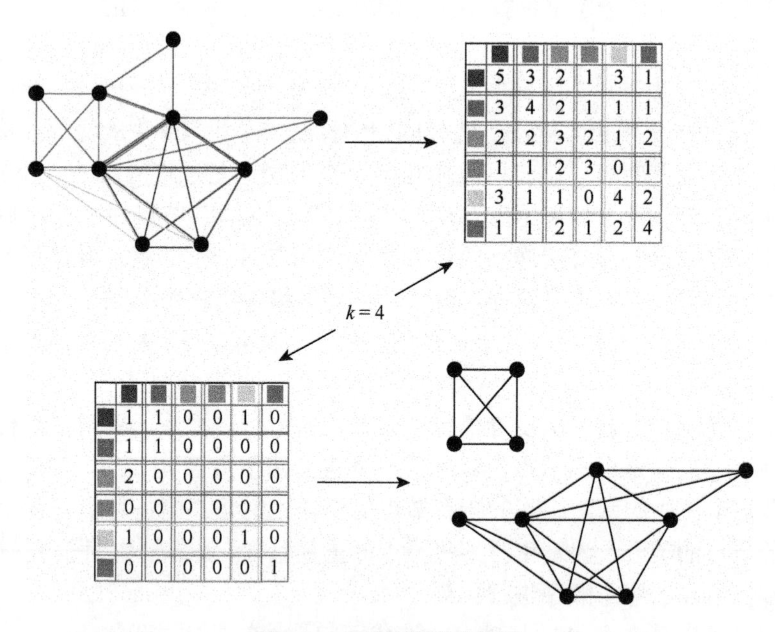

图 4.3　k-派系社团的寻找

通过对实际网络运用 CPM 算法得到的社团结构进行分析，发现有 44%的 6-派系社团出现在了 5-派系社团中。进一步地，有 70%的 6-派系社团可以在 5-派系社团中找到相似的结构，并且其误差不超过 10%。由此可见，网络的社团结构在较大程度上取决于系统本身的特性，而与 k 的取值没有太大关系。此外，对于算法的复杂性，Palla 等没有从理论上给出严格的证明。但是他们根据对实际网络的计算分析指出，CPM 算法的复杂度大概是 $t=\alpha n^{\beta \ln n}$，其中 α、β 表示常数，n 表示网络中节点的数目。还有部分研究者认为，以完全子图来寻找社团过于严格，从而要求放松对完全子图的要求，即在 CPM 中允许非完全连通的 k-派系。但这种允许非完全连通的 k-派系的做法，其作用实际上与减小 k 值的效果相同[221]。

4.3　聚类的实现

用户的兴趣信息既可以通过标签得到，又可以通过其标注的资源进行发掘。因此，本书在此给出两种聚类的思路：一是通过对用户标注的标签的聚类，根据标签的社团结构得到关于目标用户的兴趣，并将属于相同兴趣项的资源进行统一表示，以此来减少计算量；二是通过对用户标注的资源进行聚类，将相似的资源合并成组以探寻用户偏好，同时减少算法的计算量。

4.3.1　用户标签的聚类分析

对于标签的聚类，可以从标签共现加以着手。而标签的共现又可分为基于用户的标签共现和基于资源的标签共现。前者主要用于分析特定资源中不同用户的标签使用偏好，后者则可用作探寻特定用户所可能存在的不同标签簇。此处讨论的标签聚类是基于资源的标签共现，而根据资源是否是由目标用户所标注，又可以将其分为两类：基于全局资源和基于目标用户标注资源。

基于目标用户标注资源的标签共现反映的是标签间的局部联系，这种联系是基于目标用户对这些标签的理解之上的。基于全局资源的标签共现则反映的是标签在全局中的联系，这种联系是标注系统中所有用户对标签认识的总和。尽管全局的认识更有可能反映主流用户的思想，并可以避免标签偏差所带来的潜在弊端，但基于全局资源的标签共现会将众多主题的资源及其所内含的标签间的关系带入共现关系中，从而极有可能模糊或混乱目标用户所使用的标签间的既有模式，从而导出不准确的用户兴趣类别。相反，尽管基于用户标注资源的标签共现反映的是用户自身的理解，但可以通过设定阈值的方法来减少偏差标签所带来的影响，而且用户自身的理解往往具备良好的一致性，这也就为标签聚类所反映的用户兴趣可信性提供了保障。

以下选取 Delicious 中的相关用户，应用派系过滤算法对其所标注的标签进行聚类。为说明起见，以“gd007”为例，得到该用户的相关数据，具体格式为

$$(\mathrm{URL}_i,\mathrm{tag}_i^1,\mathrm{tag}_i^2,\cdots,\mathrm{tag}_i^k)$$

其中，$i=1,2,\cdots,n$，表示该用户的资源收藏数；k 表示目标用户在某一资源中的标签数。由于用户在不同的资源上，所标注的标签个数往往存在较大差别。因此，对于不同的 i、k 一般都有不同的取值。

具体地，将目标用户所标注的所有标签作为点，如果两个标签在同一个目标用户标注的资源中共现，则在这两个标签点之间建立一条边。关于标签间的边的权值 w，可以有多种给定方法，如标签相似度、标签距离等。在标注系统中单个标签会被用于标注多个资源，因而可以得到一个关于标签的资源向量，通过计算这些向量的余弦相似性，就可以得到各个标签间的相似度。同时，标签的距离也是一种处理的手法，如在文献[42]中将标签间的距离定义为目标标签的共现次数除以其单独标注资源数的积的平方根。实际上，为了减少标签的“混乱性”，许多方法应用了基于资源的标签共现来找出相关的标签集[150, 162, 173]，并取得了良好的效果，可以说，标签共现是社会化标注分析中的一个重要过渡概念。本书以共现次数作为权值的赋值，共现 1 次就认为 $w=1$，边的权值随着共现次数的增加而增大。尽管有研究指出，标签的边权大并不一定代表该标签在层级关系中是中心概念[222]，但本书采用的 CPM 能有效避开这个问题。

经过初步的对标签共现的处理，可以得到关于目标用户的标签共现矩阵：

$$\begin{bmatrix} & \text{tag1} & \text{tag2} & \text{tag3} & \cdots & \text{tag}(n-1) & \text{tag}n \\ \text{tag1} & w_{11} & w_{12} & w_{13} & \cdots & w_{1(n-1)} & w_{1n} \\ \text{tag2} & w_{21} & w_{22} & w_{23} & \cdots & w_{2(n-1)} & w_{2n} \\ \text{tag3} & w_{31} & w_{32} & w_{33} & \cdots & w_{3(n-1)} & w_{3n} \\ \vdots & \vdots & \vdots & \vdots & & \vdots & \vdots \\ \text{tag}(n-1) & w_{(n-1)1} & w_{(n-1)2} & w_{(n-1)3} & \cdots & w_{(n-1)(n-1)} & w_{(n-1)n} \\ \text{tag}n & w_{n1} & w_{n2} & w_{n3} & \cdots & w_{n(n-1)} & w_{nn} \end{bmatrix} \tag{4.1}$$

从共现的定义可知，该矩阵为对称矩阵，对角线元素为该用户对各个标签总的使用次数。因此，该矩阵中只需获取除对角线元素外的下对角矩阵，每一元素的值表示相应两个标签的共现次数。反映在网络中时，即为对于标签间边的权值。在此基础上，设定一定的权重阈值，进而将矩阵转化为标签为点、权重为边的网络。

1. *用户*“ahmedre”

图 4.4 展现的是用户“ahmedre”的标签共现矩阵映射而成的共现网络，该图描述的是当 $k=1$ 时，共现次数在 2 次及以上的标签，即描述的是较为整体的共现网络图。尽管该图的中心比较密集，但还是可以较为明显地看出，有 4～5 个标签密集度较高的区域，这些区域就是所要获取和分析的用户子兴趣。

图 4.5 展现了标签“web”同属于三个标签类的情况，即处于这三个类的三重重叠处，不同的灰度代表了不同的类别。如果按照传统的聚类方法，将标签“web”强行划于其中的某个类，那么对于另外两个类而言，其信息必将是缺失

而不完整的。一般认为，处于重叠处的标签往往是较为重要的核心标签，因此其对于每个类而言都是至关重要的。

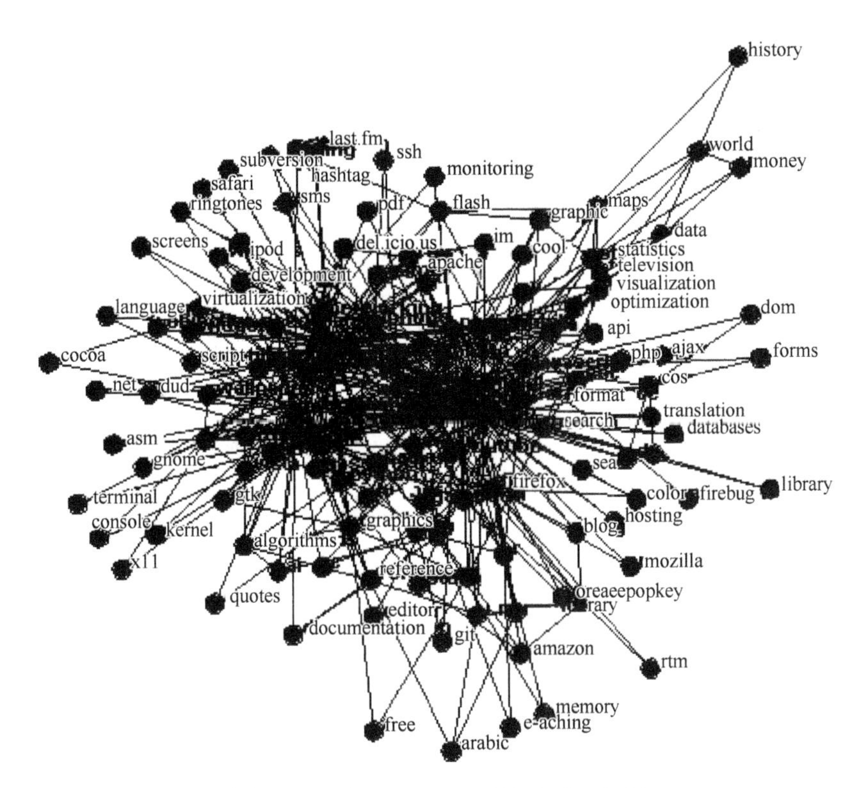

图 4.4　用户“ahmedre”的标签共现网络

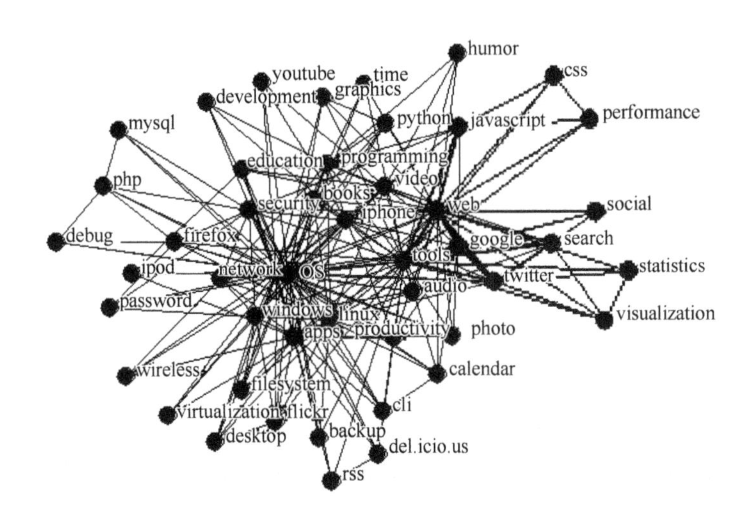

图 4.5　标签“web”同属于三个不同类

对用户“ahmedre”所标注的标签经 CPM 进行聚类，结果见表 4.5。可以看到，对于不同的 k 值，算法会产生不同的聚类结果。而对于何种分类是最佳的结果，或者说 k-派系中 k 值的确定，可以参考模块度 Q 理论来进行判定[223]。

表 4.5　不同集聚系数下的标签聚类

k	7	6	5	4	3
聚类结果	community（18）	community（27）	community（43） community（5） community（8） community（5）	community（79） community（4） community（4） community（4） community（4）	community（13） community（3） community（3） community（3）

在此，给出当 $k=5$ 时用户标注的标签所形成的 4 个聚类。从图 4.6 中可以看到：图 4.6（a）包含的标签较多，主要是关于“计算机相关的主题，包含 windows、搜索、编程语言、安全”等，图 4.6（b）的主题是“编程算法的书籍”，图 4.6（c）的主题是“web 编程的工具”，图 4.6（d）的主题是“社会网络处理的工具”。

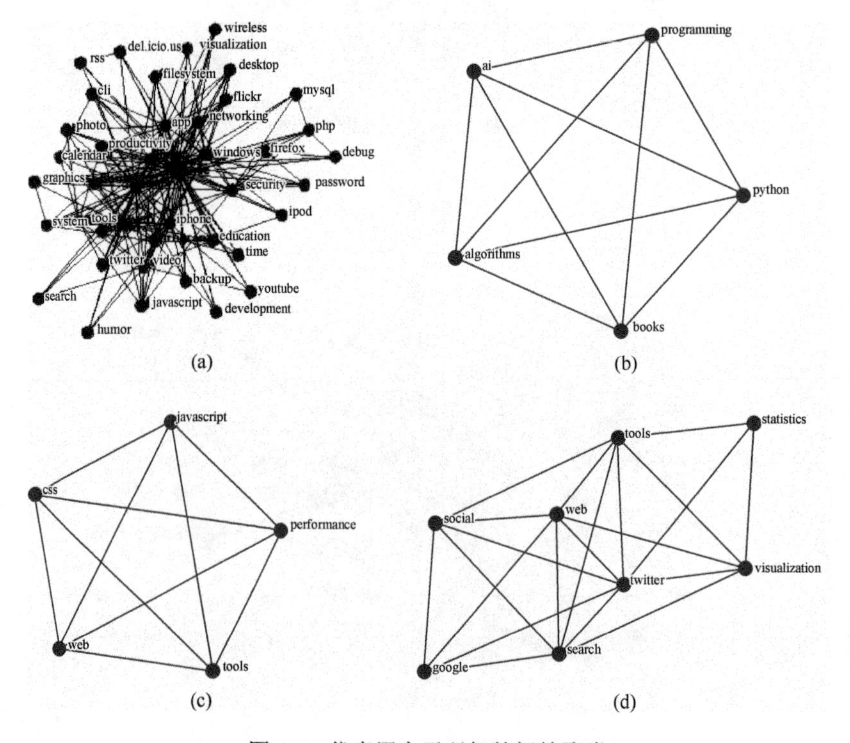

图 4.6　代表用户子兴趣的标签聚类

可以说，该用户的主要兴趣集中于计算机、网络、编程等学术领域，而对于其他领域较少涉及。

同时，聚类反映出的用户兴趣还存在着明显的主次之分。如果按照聚类中的标签数量作为划分的依据，则图 4.6（a）所示可以认为是该用户的主要兴趣，而图 4.6（b）～（d）所示则是用户较为次要的兴趣，或者说用户的兴趣程度相对较弱。此外，用户兴趣表示的精细程度与对 k 的选择密切相关。一般而言，当 k 较小时，就有更多的标签可以进入模型中。而当 k 较大时，则只会保留共现程度最高的标签。

2. 用户“gd007”

在对用户“gd007”的考察中，可以看到不同 k 值的选择对于用户兴趣捕捉的不同粒度。该用户的收藏资源较多，因此 k 值也就定得相对较高。当 $k=13$ 时，得到图 4.7 所示的三个最为核心的用户兴趣，这三个兴趣与网络资源的主题有关，但各有不同的侧重点。

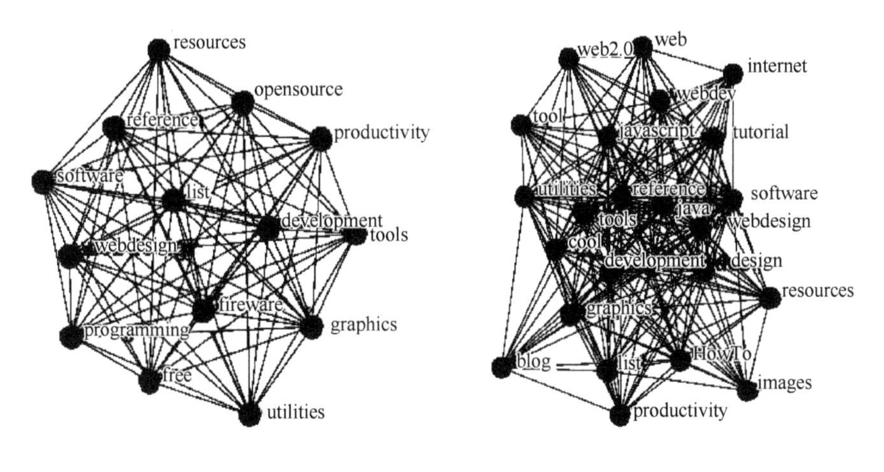

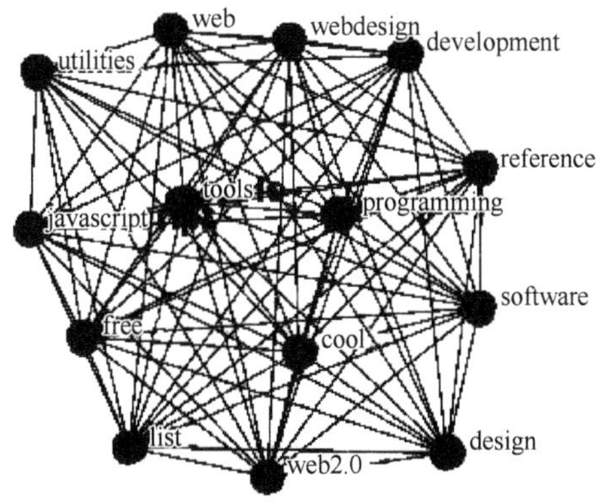

图 4.7　用户“gd007”的三个核心子兴趣

但在 $k=3$ 时，得到了另外两个用户兴趣（图 4.8），分别以“音乐”和“购物”为主题。这两个兴趣不是用户主要的兴趣，因此标签的共现次数相对较少，从而导致在 k 值相对较大时，就会丢失这些用户的小兴趣。但如果 k 值过小，则又可能导致聚类的结果不清，不同主题的标签都有可能存在于同一兴趣类中。因此，这就涉及 k 值选择的最优问题。不同用户的资源收藏数和标签使用数存在较大的差异，而这种差异又会对标签的共现网络产生实质性的影响。因此，k 值的确定并不完全由 Q 模块来决定，而应同时考虑不同用户的实际收藏数。

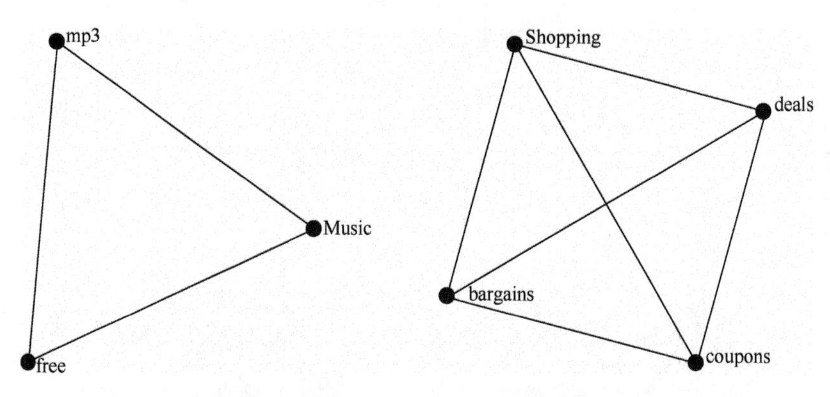

图 4.8　用户“gd007”的两个次要兴趣

在得到标签聚类后，就可以得到关于不同类的标签集，以及用户对这些标签的使用次数。将这些不同类的标签集定义为用户的子兴趣。在此基础上，通过将标签及其使用次数表示成向量的形式，可以得到用户子兴趣的向量表达，并最终得到用户的整体兴趣。

4.3.2　用户标注的资源的聚类分析

尽管绝大部分的用户都表现出多兴趣的特征，但用户与用户之间存在着一些不同。有些用户的兴趣相当广泛，所用标签随着资源收藏数的增加而增加，而有些用户表现出的兴趣则比较单一和稳定，其所用的标签在到达一定程度后便趋于稳定，不再随着资源收藏数的扩大而增多。对这一点 Golder 和 Huberman 在研究中也已进行了说明[21]，如图 4.9 所示。

当用户所收藏的资源数量较多，但标签较少的时候，标签之间的联系就会强化。而当用户所使用的标签较多的时候，即使是对于相同数量的收藏资源，标签间的联系与前者相比，会出现弱化。如果聚类划分或者兴趣识别是基于阈值的，那么，如何设置阈值就会成为处理的一个难点。如果按照资源标签数量的比值来设置不同的阈值，那么如何确定比值的大小，以使得聚类的结果最优，是一个迫切需要研究的问题。

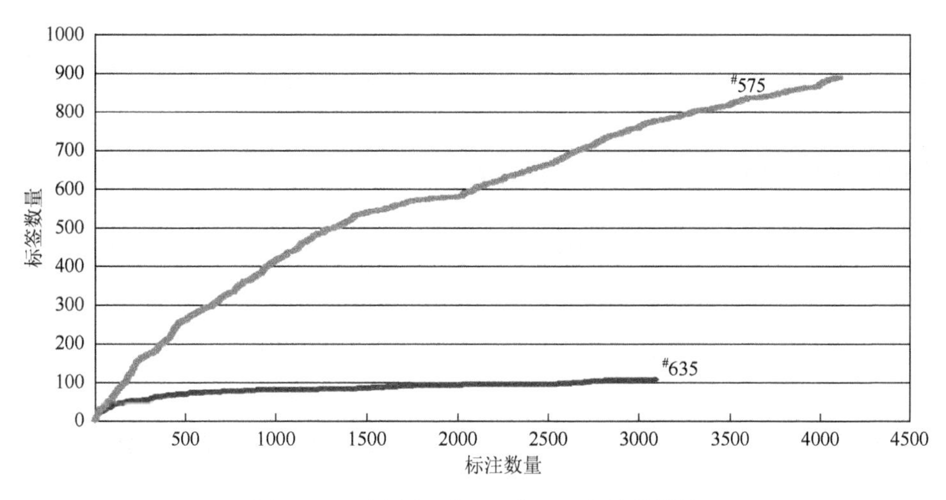

图 4.9　两个用户（#575、#635）标签的增长

此外，即使用户标注的标签数量比较少，同样也可以将其分为若干类。用户的标签再多，如果聚类的标准较粗，聚类的数量也可控制在几个之内。这就是对类的衡量标准的不同，当主题单一且比较小时，反映出的类别可能比较细；而当主题很多时，类别就比较粗。如同系统的分类，大系统包含了若干个子系统，子系统包括了若干个小系统，而小系统是由多个微系统组成，以此类推。由于有不同的标准和衡量尺度，也就有了不同的聚类结果。在标注系统中，对于标签少的用户，其聚类结果呈现出的兴趣点较细。而标签多的用户，其聚类结果呈现出的兴趣点较宽。可以说，在基于标签的聚类中，上述两个问题都无法避免，在用户收藏资源和使用标签存在较大不同的标注系统中，基于标签的聚类效果无疑会受上述问题的影响。

因此，为了避免上述问题的影响，本书给出另一种识别用户子兴趣的思路：将主题相同或类似的资源加以识别并合并处理，得到关于用户的多个资源类。在此基础上，将用户在同一资源类中添加的标签进行汇总，得到用户的子兴趣表示。这些子兴趣的集合就表示用户的全兴趣。

在这个过程中，如何定义和识别类似资源是分析的一个关键。在定义和识别类似资源上，鉴于标签所具有的固有优势及其对信息推荐的意义，暂不考虑用传统的内容分析的方法，而是采用用户在每一资源上所标注的标签。由于对单个资源，不仅是特定用户对其进行了标注，更为本质的是，标注系统中的众多用户的标注行为，及其从这种各自的标注行为中所浮现出的主流标签。因此，存在两个可以采用的策略，即基于目标用户标注的相似资源识别和基于主流标注的相似资源识别。

（1）基于目标用户标注的相似资源识别是只采用相关资源中目标用户所标注的标签，而对该资源中其他用户所标注的标签不予采纳。即在代表资源的向量模型 $(t_1,t_2,t_3,\cdots,t_n)^T$ 中，t_n 代表目标用户所标注的 n 个标签，如果某一资源中相应的标签出现，则在向量中将相应的 t 赋值为 1，否则为 0。依次将目标用户所标注的每个资源进行相应的表示后，通过计算不同资源向量间余弦相似度 $\text{sim}_{i,j}$ 来衡量资源间的类似程度。

$$\text{sim}_{i,j}=\cos(r_i,r_j) \tag{4.2}$$

其中，r_i，r_j 表示用户标注的两个资源的向量。

该方法的优点是简单易行，所涉及的计算量少。尽管该方法只考虑了用户所标注的标签，且在某些资源上用户的标注是十分稀少或形式特异的，但只要用户在对资源的标注上遵循同一原则，理论上，标签稀少或者形式特殊并不会影响在同一用户范围内相似资源的查找。但若用户在单个资源上所标注的标签个数普遍较少，这无疑会影响相关计算结果的稳健性。

根据式（4.2），对用户“ahmedre”所标注的资源进行相似度分析，在计算各个资源间相似度的基础上，结合 CPM 算法，对该用户的资源进行聚类分析。在 $k=9$ 时，得到部分资源的聚类结果，分别代表四个不同的类别，如图 4.10 所示。以图 4.10（a）中的资源为例，该类资源是由#152、#203、#258、#286、#287、#288、#364、#692 和#849 资源组成。通过对这些资源的内容分析可以发现，这些资源都和 iPhone 中的编程有关。该聚类结果也表示了 iPhone 中的编程是该用户的兴趣之一。同样地，图 4.10（b）～（d）中的资源也都具有较为明确的主题，分别属于“桌面墙纸”、“提高效率的工具”及“对 Firefox 浏览器的扩展”等方面。

上述处理中存在的一个问题是，资源间的相似度总是较为固定的若干取值。就单个用户而言，其对资源所添加的标签总是较少的。根据已经得到的数据，用

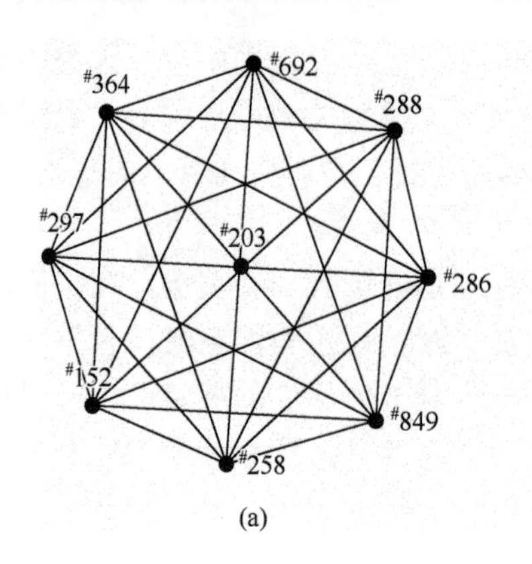

(a)

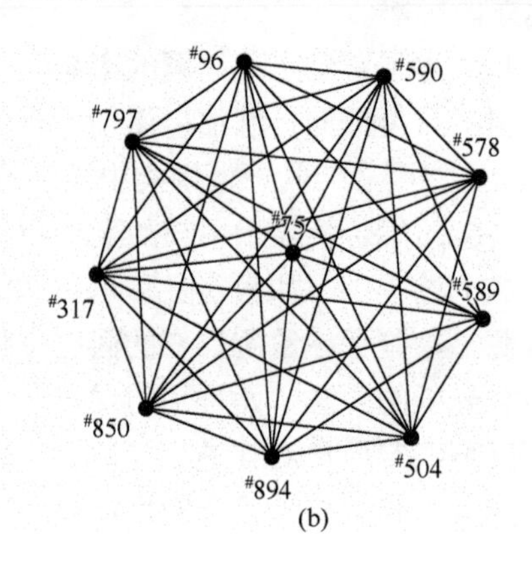

(b)

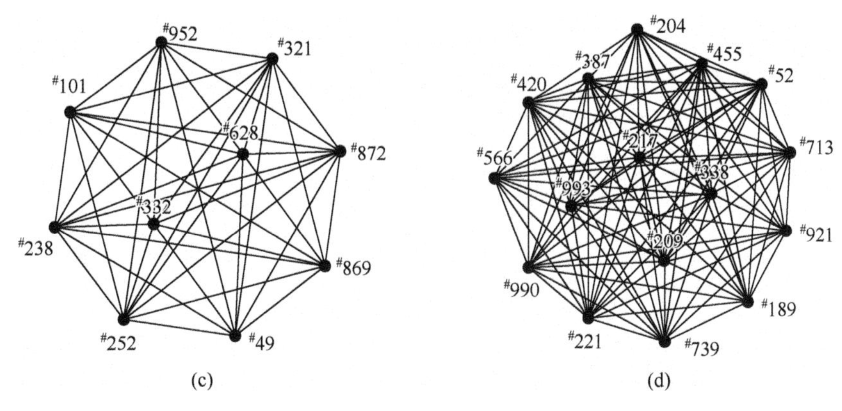

图 4.10　基于用户“ahmedre”标签的资源聚类

户对于每个资源的平均标注数为 2.87 个。这也导致了在计算相似度的过程中，任意两个资源间具有的相同标签的数量总是受制于总标签数。在分析中也发现，相同标签的个数总是处于 1～3。同时，这些标签还具有同样的权值，从而使得聚类的结果往往具有对称性，难以通过设定相应的阈值来优化聚类的结果。

（2）基于主流标注的相似资源识别。与基于目标用户的方法不同，该方法是将主流用户的标签吸收进来，这是借鉴了第 2 章中偏差矫正的思想。就全局而言，该方法能更实际地代表资源属性。本书研究的目的是识别出用户的兴趣，因此，就单个用户的兴趣识别而言，该方法未能明显优于基于目标用户的方法。但若是需要识别类似用户，则该方法具有更好的应用价值。即使如此，该方法吸收了更多的标签来代表资源，因此在对单个用户兴趣的识别中，该方法具有比基于目标用户方法更强的稳健性。但基于主流标注的方法也存在一定的不足，主要是计算量大，在建立向量之前需要预先分析和识别各个资源中的主流标签，并将不同的标签加以统计，才能建立相应向量。最后，进行资源向量间的余弦相似性的计算。

在上述处理的基础上，将这种资源与资源间的相似性表示成矩阵的形式：

$$\begin{bmatrix} & r_1 & r_2 & r_3 & \cdots & r_{n-1} & r_n \\ r_1 & 1 & \text{sim}_{12} & \text{sim}_{13} & \cdots & \text{sim}_{1(n-1)} & \text{sim}_{1n} \\ r_2 & \text{sim}_{21} & 1 & \text{sim}_{23} & \cdots & \text{sim}_{2(n-1)} & \text{sim}_{2n} \\ r_3 & \text{sim}_{31} & \text{sim}_{32} & 1 & \cdots & \text{sim}_{3(n-1)} & \text{sim}_{3n} \\ \vdots & \vdots & \vdots & \vdots & \vdots & \vdots & \vdots \\ r_{n-1} & \text{sim}_{(n-1)1} & \text{sim}_{(n-1)2} & \text{sim}_{(n-1)3} & \cdots & 1 & \text{sim}_{(n-1)n} \\ r_n & \text{sim}_{n1} & \text{sim}_{n2} & \text{sim}_{n3} & \cdots & \text{sim}_{n(n-1)} & 1 \end{bmatrix} \tag{4.3}$$

根据定义，可知道该矩阵为对称矩阵。类似地，通过将该矩阵作为网络的邻接矩阵，将其转化为以资源为点，其间相似度为边的网络。在此基础上，通过 CPM 对资源进行聚类，得到相似资源的集合。

仍旧以用户“ahmedre”为例，提取该用户所收藏的500个资源进行分析。对应不同的相似度和不同的 k 值，可以得到不同的聚类数目，如表4.6所示。可以看到，一方面，随着相似度的逐渐增大，聚类数目呈下降的趋势；另一方面，k 值的增大也会导致聚类数减少。

表4.6 不同参数下的聚类数

k	3	4	5	6	7
sim= 0.4	46	26	10	9	6
sim = 0.5	36	14	8	6	5
sim = 0.6	29	12	7	6	3
sim = 0.7	24	10	5	2	1
sim = 0.8	20	7	3	1	1
sim = 0.9	13	6	3	1	1

作为说明，本书选取 $k = 5$ 且 sim = 0.7 时资源所形成的聚类，如图4.11所示。可以得到关于资源的5个类别，图中的每一个数字编号代表了一个资源。在进一步的分析中，以图4.11（a）为例，该类包括了#153、#182、#187、#230、#238、#384、

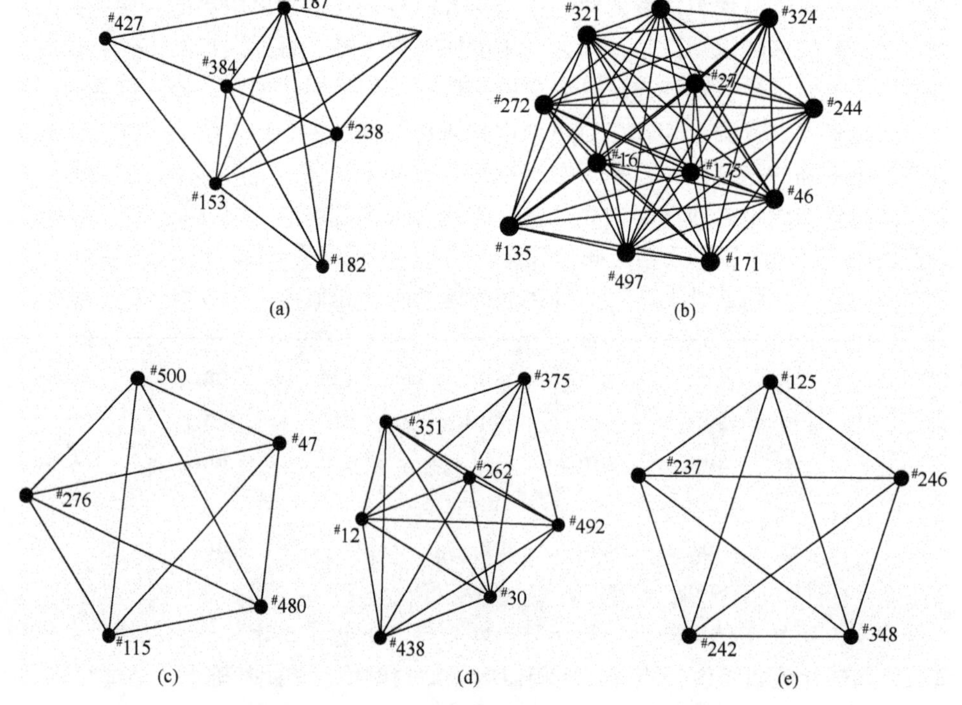

图4.11 用户“ahmedre”所收藏资源的5个类别

#427 等 7 个资源。在对这些资源内容的分析中可以发现，该类资源是以 Web 工具为主题的。类似地，图 4.11（b）中资源主要是关于 iPhone 的开发工具，图 4.11（c）与 Python 编程相关，图 4.11（d）则与 JavaScript 和 Ajax 程序关系紧密，图 4.11（e）是围绕即时信息工具 Twitter 而展开的。可以推知，该用户的兴趣主要在计算机编程和软件方面，通过聚类，可以得到用户更为细致的兴趣，有利于提高推荐的质量。

还有一点应该说明的是，在对资源的聚类中很少出现类别间的重叠，这是与假设相符的。因为绝大部分的资源都是基于单一主题的，而较少会有资源同属于多个主题。基于主流用户标签聚类的方法需要采用整个标注系统的数据才能完成，数据收集的任务较多。但在理论上，应该具有更好的聚类效果。

4.4　用户多兴趣模型的建立

通过对目标用户标注的标签和资源进行聚类，可以得到分属于不同类的标签集和资源集，这些标签集和资源集实质上代表用户的不同子兴趣。在此，将用户的全兴趣定义为全部子兴趣向量的集合，并可以表示为

$$U_i = \left\langle \mathrm{Sub}U_i^1, \mathrm{Sub}U_i^2, \cdots, \mathrm{Sub}U_i^c \right\rangle \tag{4.4}$$

其中，U_i 表示第 i 个用户的用户模型；$\mathrm{Sub}U_i^c$ 表示第 i 个用户的第 c 个子兴趣。

但式（4.4）的表述并不完整，还需要对各个不同兴趣点的兴趣程度进行分析。在现实社会中，不仅用户具有不同的兴趣点（偏好），更重要的是对于各个不同兴趣点，用户的感兴趣程度也是强弱不一的。有些兴趣点会是用户的主要兴趣，有些则处于一般或次要的地位。因此，必须对这种差异性加以区分，以便使模型具备更好的模型精确性。

在此，如何对各个不同的兴趣点加以赋值是处理的一个关键，而这可以从已有的理论中得到一些启示。传统的推荐理论认为，用户在某一资源（URL）上停留时间的长短是与用户对该页面的兴趣成正比的，并且可以通过用户检索中某概念出现的频率来判断用户对该概念的感兴趣程度。在社会化标注系统中，通常认为的用户兴趣程度大小是与标签的使用频率相关的，而该频率的高低与用户收藏的资源个数密切相关。某类资源收藏数越多，表明用户对该类资源越重视，该子兴趣的强度也就越大。同时，本书认为用户兴趣的大小还与其在单个资源上所标注的标签个数相关。即对于用户兴趣程度大的资源，其标注的标签个数可能较多。对用户兴趣程度一般或较小的资源，其标注的标签个数可能较少。在此通过一个虚构的例子来说明。

情形 A：目标用户 U 收藏了 100 个资源，这些资源都属于类 I，用户在每个资源中的平均标签数是 2 个。

情形 B：目标用户 U 收藏了 100 个资源，这些资源都属于类 II，用户在每个资源中的平均标签数是 5 个。

情形 C：目标用户 U 收藏了 300 个资源，这些资源都属于类 III，用户在每个资源中的平均标签数是 1 个。

情形 D：目标用户 U 收藏了 600 个资源，这些资源都属于类 IV，用户在每个资源中的平均标签数是 1 个。

本书认为，目标用户 U 对资源类 II 比资源类 I 具有更强的兴趣，添加更多的标签也往往需要占用用户更多的时间，以及对资源更为深刻的理解，这也是符合客观事实的。但用户 U 对资源类 III 的兴趣是否大于资源类 I？用户 U 对资源类 IV 的兴趣是否大于资源类 II？如果按照标注总数来进行衡量，其答案无疑是肯定的。但本书认为，用户对资源的平均标注数是一个十分重要的指标。在实际中，用户 U 对资源类 II 的兴趣很有可能大于资源类 IV。因此，除标注的总次数外，本书还将平均标注数也计入子兴趣大小的衡量中。以下根据聚类方式的不同，分别给出相应的计算方法。

1. 基于标签聚类的子兴趣强弱确定

对某一类别中标签的出现个数及频率与所有类中标签的出现个数和频率进行分析，同时考虑类别中标签的平均频率和标签总数，对子兴趣的强弱程度赋值，可以得到子兴趣强弱程度的计算公式为

$$\text{Int\_Sub}U=\left[\sum_{i=1}^{m}f_i/m\left/\sum_{i=1}^{n}f_i/n\right.\right]\cdot\left[\sum_{i=1}^{m}f_i\left/\sum_{i=1}^{n}f_i/c\right.\right] \tag{4.5}$$

其中，m 表示目标类中标签的个数；n 表示目标用户总的标签个数；f_i 表示第 i 个标签出现的次数；c 表示目标用户的子兴趣数。

2. 基于资源聚类的子兴趣强弱确定

对于基于资源聚类的方法而言，对子兴趣度的赋值是通过对应类别中各个资源所具有的标签数量来决定的。通过计算用户对资源标签数的平均值，对于高出平均值的资源，赋予较高的权重，而对于低于平均值的资源，赋予较低的权重。综合目标类中各个资源的平均标签个数，并与所有标签的平均值相比较，给定该目标类的权重。该方法对于用户出现新的兴趣时是十分适用的，并能有效避免对新资源的歧视。假设目标类资源的个数为 m，用户总的资源收藏数为 n，r_i 为第 i 个资源中目标用户所标注的标签个数，c 为总的子兴趣数。由此，将该子兴趣的强弱程度定义为

$$\text{Int\_Sub}U=\left[\sum_{i=1}^{m}r_i/m\Big/\sum_{i=1}^{n}r_i/n\right]\times\left[\frac{m}{n/c}\right] \tag{4.6}$$

在推荐时，基于用户子兴趣的强弱，可以为资源匹配设定不同的阈值。具体而言，对于强兴趣点，在资源匹配时，可以设置较低的阈值。而对于弱兴趣点，则可以设置相对较高的阈值，实现为用户推荐较高质量的资源的目的。至此，可以得到更精细的用户模型：

$$U_i=\left\langle \text{Sub}U_i^1:\text{Int\_Sub}U_i^1,\text{Sub}U_i^2:\text{Int\_Sub}U_i^2,\cdots,\text{Sub}U_i^c:\text{Int\_Sub}U_i^c\right\rangle \tag{4.7}$$

其中，U_i 表示第 i 个用户的用户模型；$\text{Sub}U_i^c$ 表示第 i 个用户的第 c 个子兴趣；$\text{Int\_Sub}U_i^c$ 表示第 i 个用户的第 c 个子兴趣的强弱程度。

以下，根据前述章节所给出的用户子兴趣形成的不同策略，给出两种用户多兴趣模型构建的算法。

4.4.1　基于目标用户标签聚类的多兴趣模型

经过 4.3.1 小节的分析已经知道，可以通过对用户所标注标签的聚类来得到用户的各个子兴趣。将这些子兴趣表达成集合的形式，就可以得到用户的整体兴趣。同时，用户对自己感兴趣的资源所标注的标签会较多，因此，可以结合各个子兴趣不同的强弱程度，加以区别对待，使得构建的算法更为科学。

在算法 4.1 中，用户模型实际上有了两个权值，一个是在子兴趣的表达中，根据标签的标注次数计算的权值 w；另一个是为用户的各个子兴趣赋予了兴趣度 $\text{Int\_Sub}U$，以表明目标子兴趣的强弱程度，突出用户的主要兴趣。应该指出的是，在应用 TF-IDF 方法进行权值计算时，TF 指目标标签在所属类别中的频率，IDF 指目标标签在所有聚类中出现次数的倒数。模型中的 BTC 表示该模型是基于标签聚类（based on tag clustering，BTC）的。

算法 4.1　基于目标用户标签聚类的多兴趣模型

1：获取目标用户所标注的所有资源 R 及其标签 RT
　#标签 RT 为目标用户所标注

2：计算任意两个标签 RT_i 和 RT_j 之间的共现次数 $\text{Co\_num}_{i,j}$
　#共现次数是基于目标用户所标注的资源，$i\neq j$

3：将 〈 RT_i， RT_j， $\text{Co\_num}_{i,j}$ 〉 存入数据集 Data

4：应用 CPM 对 Data 进行聚类分析，得到类别数 c

5：对于得到的每一类别中所包含的标签集 ST

6：统计 ST 中每一标签的标注次数 k，并根据 TF-IDF 计算权重 w

7：取权值最大的 m 个标签作为子兴趣表示，得到 $\text{Sub}U'=[\text{tag}\,|\,w]$

8：对权值进行归一化处理，得到用户子兴趣 Sub$U$ = [tag | w^*]

9：对于每一用户子兴趣 Sub$U$

10：计算该子兴趣在整个用户兴趣中的强弱程度 Int_Sub$U$ [式（4.5）]

11：得到用户整体兴趣模型 Multi-interest_ BTC_Model (U) = [Sub$U$ | Int_Sub$U$]

4.4.2 基于用户标注资源聚类的多兴趣模型

本书在 4.3.2 小节的分析中提出了资源聚类的两种不同策略。因此，在此给出对应的两种算法，实现不同用户模型的构建。

在算法 4.2 中，对于第 4 步标签的权值，也可以采用更为精致的赋值方法，但每个用户对单个资源的标注次数总是固定的 1 次，因此，相同标签在不同资源中的权值始终是相同的，本书在此采用最为简单的〈1, 0〉形式。同时，对于聚类后得到的资源，从中提取相应的标签时，又可以由基于目标用户和基于主流用户的标签之分，产生不同的影响。本书倾向于采用主流标签，以使用户模型的建立更为客观。模型中的 BRCUT 表示该模型是基于资源聚类的，同时资源的聚类又是基于目标用户所标注的标签（based on resource clustering with user's tag，BRCUT）。

算法 4.2 多兴趣模型——基于目标用户的标签进行资源聚类

1：给定用户 U，得到其标注的资源集 Set$R$ 和标签集 Set$T$

2：对于 Set$R$ 中的每一资源 R

3：得到用户 U 在资源 R 中的标签 TR

4：构建向量 Vec_TR，并将每个 TR 的权值设为 1，其余为 0
#向量维数为 Set$T$ 中标签的数量

5：计算任意两个向量 Vec_TR$_i$ 与 Vec_TR$_j$ 的余弦相似性 sim$R$-R
#i 和 j 是指 Set$R$ 中的第 i 和 j 个资源，$i \neq j$

6：将〈Vec_TR$_i$， Vec_TR$_j$，sim$R$-R〉存入数据集 Data（可以设定相似度阈值）

7：应用 CPM 对 Data 进行分析，得到聚类数 c

8：得到每一类别中所包含的资源集 Sub_Set$R$

9：应用 TF-IDF，计算得到 Sub_Set$R$ 中每一资源的主流标签 Pop$T$ 及其权值 w

10：汇总 Sub_Set$R$ 中资源的所有标签及其权值

11：提取权值最大的 m 个标签进入兴趣子模型，得到 SubU' = [Pop$T$ | sum_w]

12：对权值进行归一化处理，得到用户子兴趣 Sub$U$ = [Pop$T$ | sum_w^*]

13：对于每一用户子兴趣 Sub$U$

14：计算该子兴趣在整个用户兴趣中的强弱程度 Int_Sub$U$ [式（4.6）]

15：得到用户整体兴趣模型 Multi-interest_ BRCUT_Model (U) = [Sub$U$ | Int_Sub$U$]

进一步地，可以在计算资源相似性时利用主流用户的标注，由此可以得到更为客观且具有全局意义的相似度结果。以下给出相应的基于主流用户的标签进行资源聚类的用户模型构建算法（算法 4.3）。

算法 4.3　多兴趣模型——基于主流用户的标签进行资源聚类

1：给定用户 U，得到其标注的资源集 Set$R$

2：对于 Set$R$ 中的每一资源 R

3：得到该资源的主流标签 Pop$T$ 及其权重 w

4：构建该资源的标签向量 Vec_R

5：计算任意两个向量 Vec_R_i 与 Vec_R_j 余弦相似度 sim$R$-R
#i 和 j 指 Set$R$ 中的第 i 和 j 个资源，$i \neq j$

6：将〈Vec_R_i，Vec_R_j，sim$R$-R〉存入数据集 Data

7：应用 CPM 对 Data 进行分析，得到聚类数 c

8：得到每一类别中所包含的资源集 Sub_Set$R$

9：应用 TF-IDF，计算得到 Sub_Set$R$ 中每一资源的主流标签 Pop$T$ 及其权值 w

10：汇总 Sub_Set$R$ 中资源的所有标签及其权值

11：提取权值最大的 m 个标签进入子兴趣，得到 SubU' = [Top_Pop$T$ | sum_w]

12：对权值进行归一化处理，得到用户子兴趣 Sub$U$ = [Top_Pop$T$ | sum_w^*]

13：对于每一用户子兴趣 Sub$U$

14：计算该子兴趣在整个用户兴趣中的强弱程度 Int_Sub$U$ [式（4.6）]

15：得到用户整体兴趣模型 Multi-interest_ BRCPT_Model (U) = [Sub$U$ | Int_Sub$U$]

在算法 4.3 中，对聚类后资源中标签的提取，采用的是主流标签的方式。同时，目标用户的标签也是一种选择。前者更具有全局性和客观性，后者更显示出用户的自我特征与理解性。在该算法第 9 步得到的 Pop$T$，其本身就带有权重，因此，也可以加总同一标签在不同资源中的权重，得到第 11 步中的 sum_w。模型中的 BRCPT 表示该模型是基于资源聚类的，同时资源的聚类又是基于主流标签（based on resource clustering with popular tags，BRCPT）的。

第5章 基于用户协同和多兴趣模型的推荐算法

本章在建立用户模型的基础上，提出并实现了资源模型的构建。进而根据已有的基于用户协同和用户多兴趣模型与资源模型，同时结合不同的策略与匹配算法，给出若干不同个性化信息的推荐算法。

5.1 基于社会化标注的资源模型

用户模型的构建只是个性化信息推荐的一个方面，与此同样重要的是对资源模型的构建。应该说，资源模型是个性化信息推荐的另一个重要支柱，构建合理的资源模型，以准确、客观地反映资源内容和特征，是高质量个性化信息推荐得以实现的必要保障。

因此，如何构建合理准确的资源模型成为处理中的另一个关键。从根本上来说，在社会化标注系统中，构建资源模型的要求是能真实反映资源的内容，以及资源与系统中用户的关系。实际上，在对用户模型的构建中，已基本涉及资源模型构建的总体思路。式（5.1）是对资源模型的描述，与用户模型相同，资源模型也包括了标签及权重两个部分，也是表示成向量的形式。

$$r_i = \left[\begin{array}{c|c} t_1 & w_1 \\ t_2 & w_2 \\ t_3 & w_3 \\ \vdots & \vdots \\ t_m & w_m \end{array}\right] \tag{5.1}$$

其中，r_i 表示第 i 个资源的模型；t_m 表示资源模型中所包含的第 m 个标签；w_m 表示对应的权重；m 的取值一般为 10 或 30。以下给出资源模型构建的系统性描述。

5.1.1 标签与资源的最优表示

从第 2 章的分析中可以发现，首选标签作为资源内容的代表是合适的，可以通过若干数量的标签表示资源特征。但对于某一资源，其所具有的标签数量少则几十几百，多则成千上万。从已有的分析中已经知道，这些标签在标注次数上呈幂律分布，冷门标签占总标签数的绝大部分。在很大程度上，这些冷门标签并不符合主体用户的认识水平和习惯，而往往是某些特定用户的特定认识或表达。如果将这些标签全部纳入模型中，无疑会大大增加需要处理的数据维度。实际上，由于存在标签偏差及数据计算量的问题，并不是将标签表达得越全，就越能准确描述资源特征，而应该有一个最优化的度。3.3 节对主流标签的分析及提出的两种策略，就是给出了建立资源模型的思路。当然，这其中还涉及标签权重的问题。如果直接以标签的标注次数作为权值，则显得太简单且无法显示该资源中标签在整个标注系统中的特殊性，这在具有较多资源的系统中会使推荐效率低下。在此，可以采用传统推荐中较为成熟的 TF-IDF 方法[224]为标签赋值，该方法也被研究者在社会化标注领域所广泛使用[69, 125]。

TF-IDF 是一种用于信息检索领域的常用加权技术。TF-IDF 是一种统计方法，用以评估一个关键词对于一个文件集之中某一个文件的重要程度。该关键词的重要性随着它在文件中出现的次数增加成正比例增加，但同时会随着它在整个文件集中出现的频率增加成反比例下降。

在一份给定的文件里，词频（term frequency，TF）指的是某一个给定的关键词在该文件中出现的次数。出现次数越多通常代表重要性越高，越能作为该文件的代表。对于在某一特定文件里的关键词来说，它的重要性可表示为

$$\mathrm{tf}_{k,i}=\frac{n_{k,i}}{\sum_{m} n_{m,i}} \tag{5.2}$$

其中，$\mathrm{tf}_{k,i}$ 表示文件 d_i 中关键词 k 的出现次数占该文件中所有词出现次数的比例；$n_{k,i}$ 表示关键词 k 在文件 d_i 中出现的次数；$\sum_{m} n_{m,i}$ 表示在文件 d_i 中所有关键词出现的次数之和；m 表示文件 d_i 中所有独立关键词的数量。

反向文件频率（inverse document frequency，IDF）是对一个关键词在整个文件集合中重要性的度量。文件频率（document frequency）代表在文件集合中包含了目标关键词的文件数。该文件数量越少，表示越能利用该关键词来区别文件。因此，IDF 的思想是，如果某个关键词在单一文件中出现很多次，且只出现在少数几篇文件中，则这个词应该具有较高的权重。而如果某个关键词在单一文件中出现很多次，同时也出现在大量的其他文件中，则这个关键词的权重就较小。某一特定关键词的 IDF，可以由总的文件数目除以包含该关键词的文件数目，再将结果进行对数处理，得到

$$\mathrm{idf}_k=\lg(N/n_k+0.01) \tag{5.3}$$

其中，N 表示文件集包含的文件总数；n_k 表示包含关键词 k 的文件数目。

权值为词频与反向文件频率的乘积，得到

$$w_{k,i}=\mathrm{tf}_{k,i}\times\mathrm{idf}_k \tag{5.4}$$

同时，对于同一个关键词，不管该词语重要与否，其在长文件里可能会比短文件里有更高的词频[224]。因此，还必须考虑文本长度对权值的影响，对公式做归一化处理以减弱这种影响，得到

$$w_{k,i}=\frac{\mathrm{tf}_{k,i}\cdot\lg\left(\frac{N}{n_k}+0.01\right)}{\sqrt{\sum_{k=1}^{N}(\mathrm{tf}_{k,i})^2\cdot\lg^2\left(\frac{N}{n_k}+0.01\right)}} \tag{5.5}$$

由式（5.5）计算的权重往往会有少数项的值远远大于其他项的现象，而个别项的权值过高又容易抑制其他项的作用。因此，还需要对权重的计算做均衡处理，得到

$$w_{k,i}=\frac{\mathrm{tf}_{k,i}\cdot\lg\left(\frac{N}{n_k}+0.01\right)}{\sqrt{\sum_{k=1}^{N}(\mathrm{tf}_{k,i})\cdot\lg\left(\frac{N}{n_k}+0.01\right)}} \tag{5.6}$$

通过这个方法，某一特定文件内的高频率关键词，以及该关键词在整个文件集合中的低文件频率，可以产生高权重。因此，TF-IDF 倾向于过滤掉常见的词语，保留重要的词语。可以看到，在该方法中关键词的地位与社会化标注系统中标签的作用十分相似，可以用标签代替关键词，将 TF-IDF 方法引入社会化标注系统中，进而给出标签在资源中权重的计算方法。

在社会化标注系统中，可以将 TF 理解为标签频率（tag frequency，TF），代表的是标签在资源中的标注次数，而 IDF 通过统计标注系统中含特定标签的资源数，以及系统中的资源总数，来计算标签对资源的区别程度。在此，对某一特定资源中的标签，根据其标注次数及这些标签在其他资源中的出现情况，通过 TF-IDF 方法计算其权重，然后根据权重对标签进行从大到小的排列，最后提取其中的主流标签来代表该资源的内容和特征。

在基于社会化标注的推荐中，对于资源的收藏次数无法在传统的文件特征提取中找到对应的行为。有研究指出，对于资源的收藏次数也的确影响了标签的重要性[56]。可以说，资源的收藏次数代表的是资源的受关注程度，而受欢迎程度较高的资源，应该比受欢迎程度一般或较低的资源具有更高的推荐优先度。同时，考虑不同资源在收藏次数上可能存在的较大差异，如果直接将收藏次数吸纳到权值中，容易引起不同资源间的过大差异。为平抑这种差异，采用对数的形式将收藏次数吸收到标签权值的计算中。在吸收了资源的收藏次数后，权重的归一化又成为一个需要解决的问题。考虑到下面用户模型的构建中需要资源模型内标签权

重的原始的大小，而不是相对归一化之后的比例，在此并不将权重做归一化处理，而直接在式（5.4）的基础上，添加收藏次数的影响，得到

$$w_{k,i}=\left[\mathrm{tf}_{k,i}\cdot\lg\left(\frac{N}{n_k}+0.01\right)\right]\times\lg(\sqrt{m_i/\overline{m}}+10) \tag{5.7}$$

其中，m_i 表示资源 i 的收藏次数；$\overline{m}$ 表示资源的平均收藏次数。值得指出的是，如果最后需要对模型中的标签进行归一化处理，则运用式（5.7）进行处理对于资源模型的表达是没有影响的，因为目标资源所属的所有标签都得到了同样规模的扩展。但在构建用户模型的过程中，可以将用户所标注的所有资源的主流标签进行加总后，再进行归一化处理，这样就能得到更为精致的模型。

以下给出关于资源的模型（见算法 5.1）。同时，为了统一，仍旧使用式（5.7）对标签进行赋值，进而便于用户模型的建立。

算法 5.1　基于 TF-IDF 的资源模型

1：对于任一给定的资源 R

2：得到其标签集 $\mathrm{Set}T(t_i\,|\,n_i)$

3：其中，t_i 为资源 R 的第 i 个标签，n_i 为 t_i 在资源 R 中的标注次数

4：计算得到 t_i 的权值 w_i [式（5.7）]，得到 $\mathrm{Wei}T(t_i\,|\,w_i)$

5：根据 w_i 大小，取前 m 个标签 $\Rightarrow$ $\mathrm{Max\_Wei}T(t_i\,|\,w_i)$

6：对标签权值进行归一化处理，得到 $\mathrm{Max\_Wei}T(t_i\,|\,w_i^*)$

7：令 $R(t_i\,|\,w_i^*)=\mathrm{Max\_Wei}T(t_i\,|\,w_i^*)$，并存储为向量形式

8：得到资源模型 $R(t_i\,|\,w_i^*)$

该算法中最为关键的是标签权重的计算及 m 的确定，标签权重是否合理关系到资源模型能否客观、恰当地反映资源内容及其各自的重要性排序。TF-IDF 方法在已有文献中的应用也较为多见，但一般都没有将资源的收藏次数计入权值中去。在 m 值的确定上，可以参考 3.3 节中的相关结论，将 m 取值为 10 或 30。

5.1.2　资源与用户的关系

就资源与用户的关系而言，在单个资源中标签往往是由大量不同的用户所标注的，不同的用户会有不同的影响或权威性。因此，如果将每个用户标注的标签

平等对待处理，会有一定的不当性。在此，可以借用已有文献中权威节点识别的算法，如 HITs 或 PageRank 等算法，识别标注网络中的权威用户。在进行用户权威性识别的基础上，将纯粹用标签标注次数来代表资源的算法，进化为以用户权威性为基础的算法。即将用户的权威性转化为权重，放大或缩小其所标注的标签在资源模型中的影响。权威性高的用户，其所标注的标签能在更高的程度上代表资源特征；而权威性较低的用户，其所标注的标签对资源特征的代表性则相对较低。通过综合所有用户及其相应的权威性，得到基于用户权威性的资源模型。对于某一资源而言，可以得到标注了该资源的所有用户集，同时基于资源或标签的共现得到各个用户的权威性，在此基础上，结合用户权威性及相应标注，给出如图 5.1 所示的构建思路。

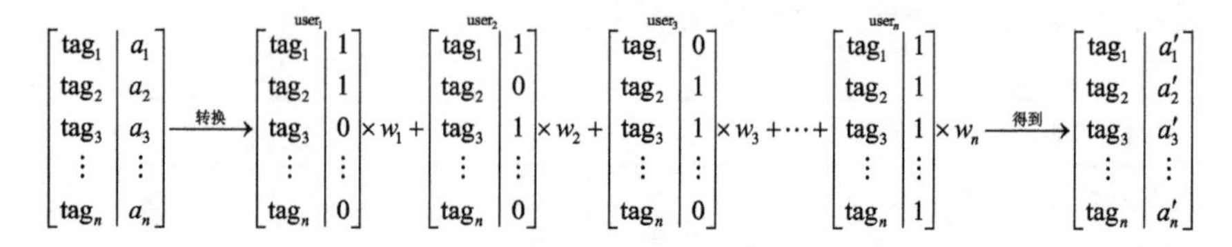

图 5.1　基于权威用户的资源模型构建思路

图 5.1 中，tag_n 表示目标资源的第 n 个标签；a_n 表示目标资源中第 n 个标签的标注次数；$user_n$ 表示收藏了目标资源的 n 个用户；w_n 表示相应的用户权威值。若用户对该资源标注了某一标签，则其相应的 a_n 值为 1，否则为 0。

无论是在社会网络还是在计算机网络中，节点的权威性都自然存在。尽管普通用户越来越成为资源内容的发布者和组织者，但不同用户在认识和知识结构上所存在的差别，从本质上决定了其所创造或发布的内容在质量上的参差不齐。随着时间的推移，这种信息质量的差异又反过来成为判断用户权威性的一个尺度。用户的权威性越高，其发布或透露出的信息就越可信。而如果用户的权威性很低，其他用户就很有可能忽视其所发布的信息。因此，对于构建资源模型而言，也非常有必要区别不同用户的权威值，突出权威用户的可信信息，使得建立的模型更能反映出资源的客观内容。可以说，与普通的资源模型相比，基于用户权威性的资源模型是一种更为合理的模型。

HITS 算法是 Web 结构挖掘中最具有权威性和使用最广泛的算法。其基本思想是，利用页面之间的引用链来挖掘节点的权威性。HITS 算法通过两个评价权值——内容权威度（content authority）和链接权威度（hub authority）来对网页质量进行评估。内容权威度与网页自身直接提供内容信息的质量相关，被越多网页所引用的网页，其内容权威度越高；链接权威度与网页提供的超链接页面的质量相关，引用高质量页面的网页越多，其链接权威度越高。对于每一个网页而言，应该将其内容权威度和链接权威度分阶段处理，在对网页内容权威度做出评价的基础上再对页面的链接权威度进行评价，最后给出该页面的综合评价。

针对社会化标注的情况而言，评价对象是用户而不是网页，而且两者在结构上也存在一定的区别，因此需要对该算法进行相应的调整。在此，可以通过考察用户参与权威性与资源权威性两个方面来确定。用户收藏的资源数越多，其参与的权威性就越高。资源被收藏次数越多，被越多高参与度的用户所收藏，资源的权威性也就越高。在用户参与权威性及其收藏资源权威性的基础上，再给出用户的最后综合权威。

算法 5.2 为基于权威用户的权重赋值给出了一个基本的思路，这也是现有研究中未曾考虑的。该算法的关键点是对权威用户的识别，并为每个用户赋予相应的权威值。同时，对权威资源或中心资源的识别在推荐中也具有重要的意义，权威资源应当在用户模型及信息推荐中享有一定的优先性。还应说明的是，考虑到单个用户对某一资源的标签应用 TF-IDF 计算权重意义不大且计算量大，而且一旦将各个用户的标签汇总则难以将用户的权威性纳入模型，因此，在算法中先将权威用户的权重加以吸纳，而后进行 TF-IDF 重新计算权重。

算法 5.2　基于用户权威的资源模型

1：对于给定的社会化标注系统 S

2：将其中的〈用户，资源〉或〈用户，标签〉共现矩阵映射成网络的形式

3：引入 HITS 算法（或其他），计算标注系统 S 中各用户的权威性 $\text{user\_}w_i$

4：对于任一给定的资源 R

5：得到收藏该资源的用户 u_j 及相应的标签向量 t_j

其中，t_j 表示为 $(1,1,0,1,\cdots)^{\mathrm{T}}$ 的形式，1 表示使用了该标签，0 表示没有

6：得到基于用户权威的标签集 $\text{Set}T=\sum(t_j\times\text{user\_}w_j)$

7：对于标签集 $\text{Set}T$ 中的每一个标签 t_k

8：应用式（5.7），得到标签 t_k 的权值 w_k

9：根据 w_k 的大小，取 Top$m$ 个标签 $\Rightarrow \text{TopSet}T(w_{TI}^{j})$

10：得到资源模型 $R=\text{TopSet}T(w_k)$

此外，在单个资源模型的基础上，还可以通过衡量资源与资源之间的距离，或者资源与资源之间的相似性，对资源进行聚类分析。通过对资源的聚类分析，

将类似资源分成相应的类，从而在推荐时可以将整类资源推荐给用户。这样，不仅能提高推荐的效率，也能为用户推荐新的感兴趣资源。

5.2 相关匹配算法

至此得到了基于向量表示的用户模型和资源模型，下面就需要对用户模型和资源模型进行相似性匹配。在本书中，用户模型和资源模型都是基于向量空间模型，在结构上是相同的。因此，从资源角度而言，可以将用户模型等价为一个特殊的“资源模型”，为该用户寻找或推荐其所感兴趣的资源，便可以理解为是寻找与该特殊“资源模型”相类似的资源，或是与该“资源”距离最近的资源。即可以将用户转为特殊的“资源”来加以对待，从而将问题——为用户寻找匹配或感兴趣的资源，转化成为寻找与“资源”相似度最高的其他资源。

5.2.1 匹配算法

在此，可以应用传统的相似度计算方法加以实现。最初衡量相似度的计算都是采用向量间的内积公式，但其产生的值较为离散且不平均，因此研究者提出了许多修正法，主要包括 Dice 系数法、余弦系数法和 Jaccard 系数法[224]。

1. Dice 系数法

$$\mathrm{sim}(u,r)=\mathrm{dice}(\vec{u},\vec{r})=\frac{2\sum_{i=1}^{m}\vec{u}_i\cdot\vec{r}_i}{\sum_{i=1}^{m}\vec{u}_i^2+\sum_{i=1}^{m}\vec{r}_i^2} \tag{5.8}$$

其中，$\mathrm{sim}(u,r)$ 表示用户与资源之间的相似度；$\vec{u}$ 和 $\vec{r}$ 表示用户向量和资源向量；m 表示向量的维度，一般取决于主流标签的数量。

2. 余弦系数法

用户模型和资源模型被看作 m 维空间上的向量，其相似性通过向量间的余弦夹角衡量。设用户 u 和资源 r 在 m 维空间上表示为向量 $\vec{u}$ 和 $\vec{r}$，则用户 u 和资源 r 之间的相似性为

$$\mathrm{sim}(u,r)=\cos(\vec{u},\vec{r})=\frac{\sum_{i=1}^{m}\vec{u}_i\cdot\vec{r}_i}{\sqrt{\sum_{i=1}^{m}\vec{u}_i^2}\cdot\sqrt{\sum_{i=1}^{m}\vec{r}_i^2}} \tag{5.9}$$

在向量空间模型中，最常被用来计算相似性的就是余弦系数。但值得注意的是，若要采用该公式计算相似度，用户模型和资源模型中的权重必须归一化，否则会产生结果的扭曲。在此模型中，资源模型中的权重已经表示为一个比例数，因此不用正规化。而用户模型实际上是建立在资源的基础之上的，用户模型中的权值可以理解为是资源模型中对应权值在归一化之前的加总，因此需要对其进行归一化处理。

3. Jaccard 系数法

$$\mathrm{sim}(u,r)=\mathrm{Jaccard}(\vec{u},\vec{r})=\frac{\sum_{i=1}^{t}\vec{u}_i\cdot\vec{r}_i}{\sum_{i=1}^{t}\vec{u}_i^{\,2}+\sum_{i=1}^{t}\vec{r}_i^{\,2}-\sum_{i=1}^{t}\vec{u}_i\vec{r}_i} \tag{5.10}$$

在上述三种系数法中，Dice 系数法和 Jaccard 系数法比较侧重集合的交集，向量间关键词的交集数越多，其相似性就越高。在相同交集数的情况下，Dice 系数一般会比 Jaccard 系数具有更高的相似性。余弦系数法则侧重于向量间的夹角，夹角越小，其相似度就越高。

此外，修正的余弦系数[225]也是较为常见的相似度衡量方法。在余弦相似性衡量方法中没有考虑不同用户或资源的收藏次数问题，修正的余弦相似性方法通过减去用户或资源中标签的平均权值来解决该问题，使得不同收藏次数的资源能获得相对平等的地位。

4. 修正的余弦相似性

$$\mathrm{sim}(u,r)=\cos'(\vec{u},\vec{r})=\frac{\sum_{c\in I_{ur}}(R_{u,c}-\bar{R}_u)(R_{r,c}-\bar{R}_r)}{\sqrt{\sum_{c\in I_{ur}}(R_{u,c}-\bar{R}_u)^2}\sqrt{\sum_{c\in I_{ur}}(R_{r,c}-\bar{R}_r)^2}} \tag{5.11}$$

其中，I_{ur} 表示用户 u 和资源 r 共同具有的标签集合；$R_{u,c}$ 表示用户 u 中标签 c 的权值；$R_{r,c}$ 表示资源 r 中标签 c 的权值；$\bar{R}_u$ 和 $\bar{R}_r$ 分别表示用户 u 和资源 r 向量中标签 c 的平均权值。

尽管有研究经过相关的实验[225]，认为修正的余弦系数法具有较好的准确性，但并不能排除其数据集可能存在的偏向性。应该说，不同的方法具有不同的优势，针对不同的数据集会具有不同的优势。实际上，在已有的利用标签进行个性化推荐的文献中，较多采用了余弦系数法[108]。在本书的研究中，资源的收藏次数代表了资源的受欢迎程度，收藏次数越多说明该资源越值得推荐，因此仍旧采用余弦系数法来计算相似度。

5.2.2 匹配推荐策略

在确定推荐匹配算法的基础上，针对用户与资源的不同匹配方式，存在若干不同的推荐策略，包括：用户模型与资源模型的直接匹配；通过寻找相似用户，进而推荐相似用户的资源；根据用户偏好的资源来推荐资源。

1. 通过匹配用户模型与资源模型的推荐

这是最为直接的一种推荐方式，通过将建立的用户模型与标注系统中的资源（模型）进行一一的相似度计算，根据相似度的大小从高到低排列，最终向目标用户推荐相似度最高的 m 个资源（图 5.2）。

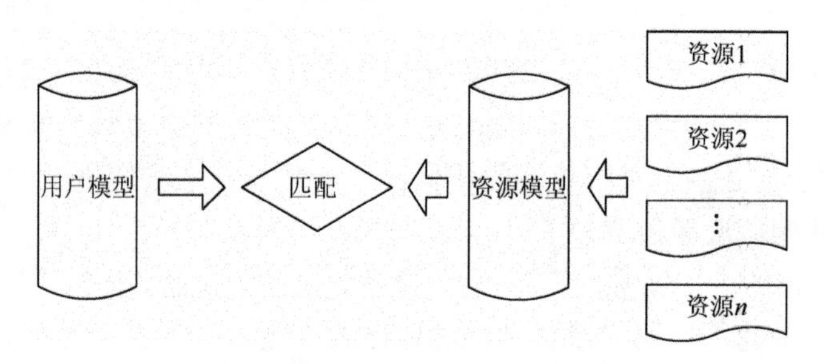

图 5.2 直接匹配的推荐

2. 通过相似用户的推荐

从图 5.3 中可以看到，该推荐策略的第一步是通过模型间的相似度计算，为目标用户找到相关用户。在此基础上，根据相似度的大小，得到与目标用户最为相关的 n 个用户，以及这些用户所收藏和标注的资源。根据用户在资源中标注的标签数量，给出一个资源分 P[式（5.12）]，根据 P 的大小对资源进行排列，最后向目标用户推荐得分最高的 m 个资源。

$$P = p(r,u) = \lg(\text{num\_tag}s + 1) \times \lg(\text{num}U) \tag{5.12}$$

其中，r 表示资源；u 表示用户；num_tag$s$ 表示用户 u 在资源 r 上标注的标签数量；num$U$ 表示对资源 r 的总收藏数。资源分 P 表示用户对资源的重视程度。

3. 通过资源的推荐

如图 5.4 所示，该推荐策略是通过目标用户所收藏的资源来加以推荐的。首先得到目标用户所收藏的资源列表，并根据先前所给出的资源模型算法，得到代表每个资源的向量模型。接着，计算资源向量模型与社会化标注系统中的其他资源（向量模型）的相似度，向用户推荐具有最高相似度的资源。

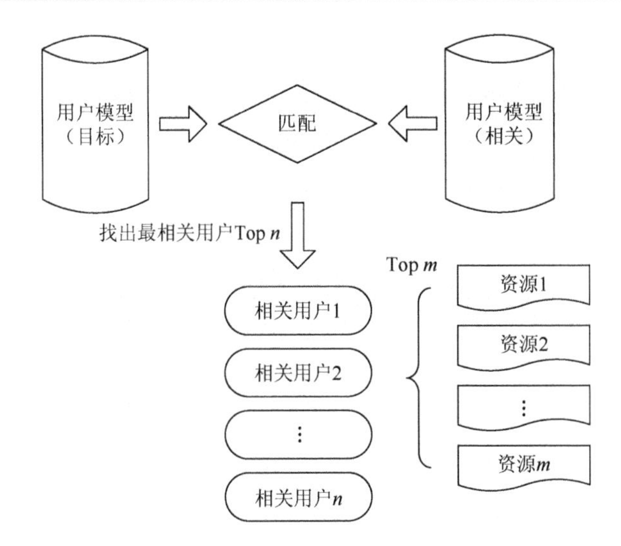

图 5.3　借助相似用户匹配的推荐

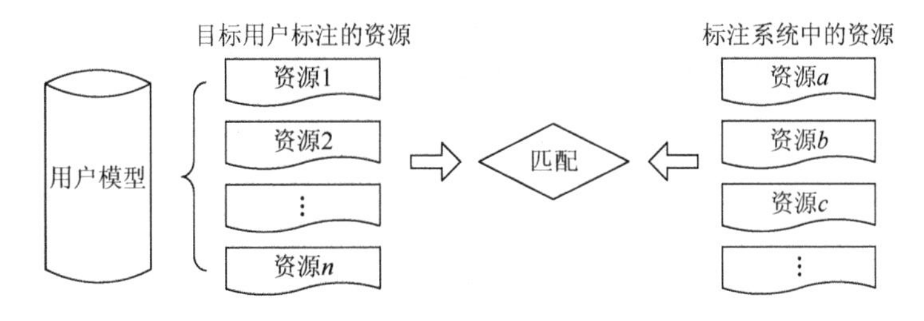

图 5.4　通过资源匹配进行的推荐

应当说，这三种不同的推荐策略具有各自的特点与优势，第一种推荐方式最为直接，运算效率也较高。第二种推荐方式通过为用户寻找类似用户，可以为目标用户推荐一些具有新主题的资源，这也是第一种方式所欠缺的。第三种推荐方式所损失的原始信息最少，理论上能为用户找到更为准确的兴趣资源。该方式的缺点是需要为用户所收藏的每个资源都进行一次遍历，当收藏量比较大时，该方式所涉及的运算量也会比较大。此外，第三种方式返回的结果资源比较多，难以为用户辨别各返回资源的重要性，从而也会造成一定程度的信息过载。因此，在实际应用中，一般第一种和第二种推荐方式较为普遍。这也是本书所采用的方式。

5.3　两种模型下的推荐算法

至此已经构建了用户模型和资源模型，以及用户资源模型之间的匹配算法和策略。尽管采用的是向量空间模型，但用户协同与用户多兴趣模型在结构上还是存在一定的差别。在此，针对其中的不同，给出两种模型下各自的推荐算法。

5.3.1 基于用户协同模型的推荐算法

在用户协同模型中，模型表示都是$[t \mid w]$的形式，这也是最为常见和简单的。在此，根据 5.2 节提出的策略，给出用户协同模型下的两种推荐算法。

1. 用户–资源模型直接匹配下的推荐

算法 5.3 是最为直接且简单的推荐方法，通过计算用户与资源之间的相似度，并根据相似度的大小，向用户推荐相似度最高的资源。在用户模型和资源模型构建合理的前提下，这种推荐方式往往具有较好的推荐效果。

算法 5.3 用户协同模型下的推荐（*U-R*）

1：创建用户协同模型 U（算法 3.1、算法 3.2）

2：创建资源模型 R_i（算法 5.1）

3：计算 U 和 R_i 之间的余弦相似值 $\text{sim}(U,R_i) \Rightarrow \text{Rec}R$

4：对 Rec$R$ 根据 $\text{sim}(U,R_i)$ 的大小进行排序

5：推荐 Rec$R$ 中的前 m 个资源

2. 通过相似用户的推荐

与第一种推荐方式不同的是，算法 5.4 的核心思想是通过相似用户来进行推荐，并没有用到资源模型。有类似文献在得到相似用户后，利用相似用户所标注的标签集来建立二次用户模型，在此基础上再与资源模型进行匹配。同时，考虑到用户协同模型借鉴的是目标用户所收藏资源中的主流标签，在推荐算法中也可以参考相似用户的标签，通过吸收这些用户的标签，向用户推荐可能感兴趣的新主题资源。

算法 5.4 用户协同模型下的推荐（*U*-sim*U-R*）

1：创建用户协同模型 U（算法 3.1、算法 3.2）

2：计算目标用户 U_i 和其他用户 U_k 之间的余弦相似值 $\text{sim}(U_i,U_k)$

3：得到与 U_i 相似度最高的 n 个相似用户 SU

4：对于每一相似用户 SU

5：得到其所收藏的资源集 SU*R*，并计算其中各资源的得分 *P*［式（5.12）］

6：对 SU*R* 中的资源按得分 *P* 大小进行排序，取得分最高的 *m* 个资源

7：将得到的 $n\times m$ 个资源添加到推荐列表 Rec*R*

8：向用户推荐 Rec*R* 中的资源

在算法 5.5 中，因为标签的原有权值是针对原有用户的，在将各个相似用户的标签进行直接加总后，查询 *Q* 中的相应权重则会处于非约束状态，因此需要对其进行归一化处理，以便应用余弦相似度算法。

算法 5.5　用户协同模型下的推荐（*U*-sim*U*-sim*U*(*T*)-*R*）

1：创建用户协同模型 *U*（算法 3.1、算法 3.2）

2：计算目标用户 U_i 和其他用户 U_k 之间的余弦相似值 $\text{sim}(U_i,U_k)$

3：得到与 U_i 相似度最高的 *n* 个相似用户 SU

4：对于每一相似用户 SU

5：得到其权重 *w* 最高的 *m* 个标签 *t*

6：将得到的标签 *t* 及目标用户的原有标签汇总到 Rec*T*

7：建立查询 *Q*

8：对于 Rec*T* 中的每一个标签 *t*

9：添加数据 $[t\,|\,w^{*}]$ 到 *Q*，w^{*} 为归一化处理的权值

10：创建资源模型 *R*（算法 5.1）

11：将资源模型 *R* 与查询 *Q* 一一进行相似度计算，得到 Rec*R*

12：根据相似度的大小，取其中的 Top*k*，得到 TopRec*R*

13：向用户推荐 TopRec*R* 中的资源

5.3.2　基于用户多兴趣模型的推荐算法

在多兴趣模型中，由于将用户的兴趣表达成为多个子兴趣，用户模型变成了 $U=[\text{Sub}U\,|\,\text{Int\_Sub}U]$ 的形式，其中，$\text{Sub}U=[\text{tag}\,|\,w]$。尽管模型在形式上有了较大的不同，但实际上用户的每一项子兴趣仍然遵从［标签 | 权重］的结构，这与用户协同模型是一致的。主要的区别之处在于多兴趣模型中每一个用户拥有多个子兴趣，因此在推荐时，需要为每个用户子兴趣分别寻找推荐资源。

1. 用户-资源模型匹配下的推荐

从算法 5.6 中可以看出，用户的每一个子兴趣都要与资源模型进行匹配，而这种循环在拥有海量资源的系统中是非常耗时的。因此，为提高推荐算法的效率，对标注系统中的资源进行大致的分类，使得用户的每一类子兴趣在对应的资源类中进行匹配，无疑可以大大减少计算量，这也是进一步的工作中所需要解决的问题。此外，$\text{Int\_Sub}U_k \times m$ 表示提取的资源数与子兴趣的强弱程度成正比，$\text{Int\_Sub}U_k$ 大则推荐较多的资源，$\text{Int\_Sub}U_k$ 小则提取的资源数相对也少。

算法 5.6　用户多兴趣模型下的推荐（*U-R*）

1：创建用户多兴趣模型 $U = [\text{Sub}U \mid \text{Int\_Sub}U]$（算法 4.1、算法 4.2、算法 4.3）

2：创建资源模型 R_i（算法 5.1）

3：对于每一个子兴趣 Sub$U$

4：计算 $\text{Sub}U_k$ 和 R_i 之间的余弦相似值 $\text{sim}(\text{Sub}U_k, R_i) \Rightarrow \text{Rec}R_k$

5：对 $\text{Rec}R_k$ 根据 $\text{sim}(\text{Sub}U_k, R_i)$ 的大小进行排序

6：提取 $\text{Rec}R_k$ 中的前 $\text{Int\_Sub}U_k \times m$ 个资源 $\Rightarrow \text{Top\_Rec}R_k$

7：向用户推荐 k 组 $\text{Top\_Rec}R_k$ 资源

2. 通过相似用户的推荐

用户的子兴趣具有更强的针对性，对于原始信息的破坏最小，因此算法 5.7 中，并不是在寻找相似用户，而是在寻找相似的用户子兴趣。寻找相似程度最高的用户子兴趣，并向目标用户推荐这些子兴趣所对应的资源。此外，假设目标用户有 k 个子兴趣，每个子兴趣取最为相似的 n 个相似子兴趣，再在每个相似子兴趣中取 P 值最高的 m 个资源。因此，推荐的总资源数应为 $k \times (n \times m)$。考虑到每个子兴趣对于用户而言并非是无差异的，有的是用户的主要兴趣，有的则处于次要的地位，可以对资源数做调整，将子兴趣度加入其中，得到

$$\text{Rec}R = \sum_k \text{Int\_Sub}U_k \cdot (n \times m) \tag{5.13}$$

其中，$\text{Int\_Sub}U_k$ 表示第 k 个子兴趣的兴趣强度。

算法 5.7　用户多兴趣模型下的推荐（*U*-sim*U-R*）

1：创建用户多兴趣模型 $U = [\text{Sub}U \mid \text{Int\_Sub}U]$（算法 4.1、算法 4.2、算法 4.3）

2：计算目标用户子兴趣 $\text{Sub}U_k$ 与其他用户 $\text{Sub}U_i$ 之间的相似度 $\text{sim}(\text{Sub}U_k, \text{Sub}U_i)$

3：得到与目标用户子兴趣 SubU_k 对应的相似子兴趣集 Set_SubU_k

4：根据 sim(SubU_k,SubU_i) 的大小，对 Set_SubU_k 中的项进行排序

5：对于每个目标用户子兴趣 SubU_k

6：得到与 SubU_k 相似度最高的 n 个相似子兴趣 Top$n$ _ Set_SubU_k

7：对于每一相似子兴趣 Set_SubU_k

8：得到其所对应的资源集 Set_SubUR_k，并计算其中各资源的得分 P[（式 5.12）]

9：取 Set_SubUR_k 中 P 值最高的 Int_Sub$U_k \times m$ 个资源

10：向用户推荐 k 组 Int_Sub$U_k \times (m \times n)$ 中的资源

当然，根据相似用户推荐的另一种算法是提取相似用户的标签，并进行二次用户模型的构建，在此基础上进行与资源的匹配和推荐。

算法 5.8 的实质是绕过了用户整体层面，而直接与用户的子兴趣相联系。通过计算用户子兴趣之间的相似度，得到具有最高相似度的其他用户子兴趣。接着，将这些子兴趣中权重最高的若干标签吸纳到目标用户二次子兴趣模型的构建中，同时对这些标签的权重也进行了基于目标用户的重新计算。在此基础上，再将这些重新构建的子兴趣与资源模型进行相似度计算，根据相似度的大小，结合这些子兴趣的强弱程度 Int_Sub$U$，给出最终的推荐资源。

算法 5.8　用户多兴趣模型下的推荐（U-sim$U$-sim$U(T)$ -R）

1：创建用户多兴趣模型 U = [Sub$U$ | Int_Sub$U$]（算法 4.1、算法 4.2、算法 4.3）

2：计算目标用户子兴趣 SubU_k 与其他用户 SubU_i 之间的相似度 sim(SubU_k,SubU_i)

3：得到与目标用户子兴趣 SubU_k 对应的相似子兴趣集 Set_SubU_k

4：根据 sim(SubU_k,SubU_i) 的大小，对 Set_SubU_k 中的项进行排序

5：对于每个目标用户子兴趣 SubU_k

6：得到与 SubU_k 相似度最高的 n 个相似子兴趣 Top$n$_Set_SubU_k

7：对于每一相似子兴趣 Top$n$_Set_SubU_k

8：得到其权重 w 最高的 m 个标签 t

9：将得到的标签 t 及目标子兴趣原有标签汇总到 $\Rightarrow$ RecT_k

10：对于每一个 RecT_k

11：建立查询 Q_k

12：对于 $\mathrm{Rec}T_k$ 中的每一个标签 t

13：添加数据 $[t\,|\,w^*]$ 到 Q_k， w^* 为归一化处理的权值

14：创建资源模型 R（算法 5.1）

15：将资源模型 R 与查询 Q_k 一一进行相似度计算，得到 $\mathrm{Rec}R_k$

16：取 $\mathrm{Rec}R_k$ 中相似度最高的 $m\times \mathrm{Int\_Sub}U_k$ 个资源 $\Rightarrow \mathrm{Top}m\_\mathrm{Rec}R_k$

17：向用户推荐 k 组 $\mathrm{Top}m\_\mathrm{Rec}R_k$ 中的资源

第 6 章　基于社会化标注推荐的模拟实现与评价

本章是对模型和推荐算法的实现，包括资源模型和用户模型的建立，以及在用户协同模型和多兴趣模型下进行资源的相应推荐。同时，对推荐算法的效果加以评价。目前在社会化标注领域没有相应的测试集可用，因此，本书对推荐效果的评价是通过用户参与评分的方法来进行的。

6.1　基于社会化标注推荐的模拟实现

在本书中，用户模型基本是建立在资源模型的信息之上的。这里的资源模型指完整的资源模型，包括系统中所有用户在目标资源中的全部标注。对资源模型进行基于用户的汇总处理后，就构成了用户模型。不同用户模型对应不同的处理方式。而推荐结果则是在建立了资源模型和用户模型的基础上，同时进行相应的余弦相似度计算后，通过提取相似度最高的 10 个资源而得到的。本章首先给出资源模型，然后构建相应的用户协同模型与多兴趣模型，最后实现两类模型下的信息资源推荐。

以 Delicious 中的用户“ahmedre”为研究对象，至实验开展时，该用户共收藏了 6751 个资源，使用了 413 个不同标签，可以说是 Delicious 中一个较为活跃的用户。下面的用户模型就是基于用户“ahmedre”而展开的。

6.1.1　资源模型的实现

在推荐算法中，需要为每一个资源建立模型。在此，以资源“Floatutorial：Step by step CSS float tutorial”（http: //css.maxdesign.com.au/floatutorial/？）为例，对资源模型的构建过程加以说明。该资源在 Delicious 中出现频率最高的 10 个标签如表 6.1 所示，其中第二行数据为对应标签在该资源中的标注次数。在对该资源中所有标签通过 TF-IDF 进行权值计算后，得到新的结果（表 6.2），对应数值为计算得到的权值。

表 6.1　资源“Floatutorial：Step by step CSS float tutorial”在处理前的主流标签

主流标签	css	tutorial	webdesign	float	design	web	html	tutorials	howto	reference
标注次数	7196	3355	2689	2448	1819	1306	1282	895	647	606

表 6.2　资源“Floatutorial：Step by step CSS float tutorial”在处理后的主流标签

主流标签	float	css	turorial	html	webdesign	layout	tutorials	floats	design	web
权值	15.73	13.93	4.73	3.91	3.76	3.34	3.11	2.71	2.48	1.77

可以看到，处理前与处理后的主流标签不仅权值发生了变化，更为重要的是，进入主流标签的标签本身也有了调整。具体表现为：一方面，标签间权值的差距变小了。在表 6.1 中，最大标签的标注次数与其他标签平均相差 6 倍。而在处理后，权值间的差距缩小为 4.8 倍；另一方面，表 6.2 中标签“layout”和“floats”原先没有进入主流标签。但这两个标签在整个资源集合中更为独特，因此在基于 TF-IDF 的权值计算中，得到了相对而言更高的权重。在得到经 TF-IDF 计算的主流标签后，还需要对各个标签的权值进行归一化处理，得到各个标签在资源中的权值比例（表 6.3），并将其作为资源模型的最终权值。

表 6.3　资源“Floatutorial：Step by step CSS float tutorial”的最终权值

主流标签	float	css	turorial	html	webdesign	layout	tutorials	floats	design	web
最终权值	28.36	25.11	8.53	7.05	6.78	6.02	5.61	4.89	4.47	3.19

最后，针对资源“Floatutorial：Step by step CSS float tutorial”，执行算法 5.1。当取 $m = 10$ 时，就可以得到如下的资源模型：

Resource_Model（R）= [‘float’，28.36；‘css’，25.11；‘turorial’，8.53；‘html’，7.05；‘webdesign’，6.78；‘layout’，6.02；‘tutorials’，5.61；‘floats’，4.89；‘design’，4.47；‘web’，3.19]

同时，也可以将资源模型中主流标签数量的取值定为 $m = 30$，从而得到更为丰富的信息。但一般认为，10 个标签已能较为充分地描述出普通网页资源的特征。同时为简便起见，本书暂且将资源模型主流标签的数量定为 10 个，而更多的资源模型可以通过类似的方式得到和表达。

6.1.2　用户模型的实现

用户模型包括用户协同模型和多兴趣模型，其中协同模型又包括算法 3.1 和算法 3.2，多兴趣模型包括基于标签聚类的算法 4.1，以及基于资源聚类的算法 4.2 和算法 4.3。同时，用户的兴趣一般都较为广泛，可能涉及多个主题，因此，将用户协同模型中 m 的取值暂定为 30，以便更为充分地表达用户兴趣。而在多兴趣模型中，可以用多个子兴趣进行偏好表示，且每个子兴趣往往只对应某一特定主题，因此每个子兴趣所需包含的标签数就可以相对少些，本书将其定为 10 个。

1. 用户协同模型

用户协同模型的主要思想是将资源中的主流标签吸收到用户模型中，进而减小用户标注中的偏差行为所带来的影响。算法 3.1 是对主流标签的纯粹吸收，而算法 3.2 则是将目标用户自身所标注的标签也加入模型中。对用户“ahmedre”所标注的部分数据（4018 个资源）进行运算后，可以得到表 6.4 和表 6.5 所示的模型。出于表达的考虑，将模型表述为表格的形式，对应的数值为标签的权重，并已做归一化处理。在实际处理中，模型是基于向量的形式。

表 6.4　基于“ahmedre”的用户协同模型——算法 3.1

主流标签	rsync	wii	forth	ebay	lego	scrabble	resharper	nginx	gdb	netcat
权值	4.26	4.22	3.97	3.94	3.91	3.74	3.70	3.62	3.59	3.55
主流标签	passport	zsh	couchdb	latin	wpf	smoking	subtitles	trim	textures	iptables
权值	3.51	3.50	3.50	3.46	3.37	3.36	3.17	3.10	3.05	3.04
主流标签	postfix	fallout3	fonts	ec2	postgresql	prolog	erlang	fireworks	norwegian	emacs
权值	3.01	2.97	2.88	2.86	2.84	2.81	2.81	2.75	2.75	2.74

表 6.5　基于“ahmedre”的用户协同模型——算法 3.2

主流标签	rsync	wii	forth	ebay	lego	scrabble	resharper	nginx	gdb	netcat
权值	4.25	4.19	3.95	3.91	3.90	3.73	3.69	3.64	3.59	3.55
主流标签	passport	couchdb	zsh	latin	wpf	smoking	subtitles	trim	textures	iptables
权值	3.51	3.50	3.50	3.45	3.37	3.35	3.17	3.11	3.06	3.06
主流标签	postfix	fallout3	fonts	postgresql	ec2	prolog	erlang	norwegian	fireworks	emacs
权值	3.02	2.98	2.89	2.88	2.87	2.81	2.80	2.77	2.76	2.73

可以看出，上述两个算法在构建用户模型方面，只存在较小的权重区别。当然，在目标用户标注较多的情况下，也有可能影响主流标签的增减。但在一般情况下，往往更多的是对标签权重产生影响。毕竟相对于整个标注系统中的用户而言，目标用户标注所占的比例是非常小的。

2. 用户多兴趣模型

在多兴趣模型中，需要将用户的偏好用子兴趣集合的形式来加以表现，即用多个向量的方式来表达用户兴趣。具体地，算法 4.1 是将目标用户所标注的标签进行聚类后得到的，算法 4.2 和算法 4.3 则是建立在对用户所标注的资源进行聚类的基础之上。在下述模型中，将用户最为主要和典型的兴趣加以表示，在某种程度上可以说是用户兴趣的部分数据。

（1）根据算法 4.1，基于用户“ahmedre”所标注的 6751 个资源中所使用的标签，计算任意两个标签在相同资源中共现的次数，进而得到标签的共现数据。在此基础上，运用 CPM 取标签共现次数在 3 次以上且 $k=4$ 时标签的聚类即用户的子兴趣表达，并根据式（4.5）计算子兴趣度的大小，最后得到用户多兴趣模型。

Multi-interest_BTC_Model（ahmedre）= [Sub*U*1，73.23；Sub*U*2，13.78；Sub*U*3，12.98]

该模型中三个子兴趣模型分别为

Sub*U*1 = [‘networking’，20.36；‘programming’，25.11；‘video’，8.53；‘tools’，7.05；‘web’，6.78；‘security’，6.02；‘mac’，5.61；‘osx’，4.89；‘apps’，4.47；‘linux’，3.19]

Sub*U*2 = [‘web’，29.76；‘javascript’，25.21；‘css’，23.91；‘tools’，21.12]

Sub*U*3 = [‘tools’，27.58；‘web’，26.32；‘productivity’，25.33；‘apps’，20.77]

（2）根据算法 4.2，对用户“ahmedre”所标注的前 1000 个资源建立各自资源模型[①]，计算两两资源间的相似度。在此基础上，运用 CPM，设定资源相似度阈值为 0.5，且取 $k=9$，得到资源的各个聚类即用户子兴趣，并根据式（4.6）计算子兴趣度的大小，最后得到用户多兴趣模型。

Multi-interest_BRCUT_Model（ahmedre）= [Sub*U*1，42.55；Sub*U*2，12.53；Sub*U*3，11.63；Sub*U*4，33.29]

该模型中四个子兴趣模型分别为

Sub*U*1 = [‘iphone’，20.47；‘tutorials’，15.38；‘development’，12.65；‘programming’，10.43；‘sql’，8.89；‘objective-c’，8.68；‘mac’，7.93；‘cocoa’，4.89；‘sdk’，5.65；‘osx’，5.03]

Sub*U*2 = [‘wallpaper’，16.10；‘graphics’，15.31；‘design’，14.35；‘desktop’，10.62；‘free’，10.61；‘wallpapers’，10.41；‘photography’，9.08；‘images’，5.71；‘pictures’，4.21；‘art’，3.6]

---

① 资源与资源之间只要具有相同标签，就会有相似度存在，因此，如果将全部资源进行相似度计算，相应的数据量就比较大，造成 CFinder 软件运行困难。为简化处理，将此处的资源数缩小为 1000 个，并认为该改动不会明显影响聚类的结果。

Sub$U$3 = ['productivity'，18.60；'web2.0'，15.86；'todo'，14.10；'gtd'，12.22；'tools'，10.99；'social'，8.28；'web'，6.59；'iphone'，5.91；'software'，4.98；'collaboration'，2.46]

Sub$U$4 = ['firefox'，19.75；'tools'，15.16；'web'，13.91；'extensions'，11.74；'software'，10.65；'cookies'，8.67；'webdesign'，7.24；'plugin'，5.55；'extension'，3.97；'webdev'，3.36]

（3）根据算法 4.2，对用户“ahmedre”所标注的 500 个资源建立资源模型[①]，基于主流标签计算两两标签间的相似度。在此基础上，运用 CPM，设定资源相似度阈值为 0.7，且取 $k = 5$，得到资源的各个聚类即用户子兴趣，并根据式（4.6）计算子兴趣度的大小，最后得到用户多兴趣模型。

Multi-interest_BRCPT_Model（ahmedre）= [Sub$U$1，23.88；Sub$U$2，39.74；Sub$U$3，36.38]

该模型的三个子兴趣为

Sub$U$1 = ['travel'，25.34；'guide'，12.46；'flights'，11.21；'reference'，11.19；'tools'，9.27；'hotel'，7.33；'web'，6.92；'trip'，5.99；'photos'，5.34；'shopping'，4.95]

Sub$U$2 = ['mac'，21.71；'software'，18.89；'programming'，13.32；'tools'，11.9；'app'，10.01；'osx'，7.73；'apple'，4.29；'freeware'，4.27；'code'，3.98；'opensource'，3.91]

Sub$U$3 = ['linux'，19.01；'opensource'，15.17；'tools'，12.73；'software'，11.53；'sync'，11.37；'windows'，8.15；'sysadmin'，6.42；'reference'，5.43；'unix'，5.31；'ubuntu'，4.89]

3. 传统模型

为了确定相应的比较对象，以检验本书算法的有效性，在此给出现有文献中常见的用户模型，这类模型往往是基于用户自身所标注的标签而建立的。结合 TF-IDF 赋值方法，基于与用户协同模型相同的数据集，得到传统建模方法下的用户模型。

由表 6.6 可以看出，该模型与协同模型中的标签存在较大的不同，除了“fonts”和“ec2”两个标签相同外，其他标签均发生了变化。一般而言，这些标签是目标用户使用频率较高的标签，但未必得到其他用户的普遍认同。在用户“ggg2000”这样存在严重标注偏差的情况中（表 3.1），如果只提取用户标注频率

---

① 在基于主流标签进行资源间相似度计算时，会比基于用户标签的方法具有更多的非空值。如果仍旧以 1000 个 URL 为例，则数据量将接近 1000×1000 的级别，造成 CFinder 软件计算困难。所以在此只采用 500 个 URL。

最高的标签作为模型，则建立的用户模型将会偏离主流用户的认识，造成推荐质量低下。

表 6.6　基于“ahmedre”的传统模型

主流标签	fonts	ec2	scheme	flickr	vista	gimp	growl	password	wedding	tunnel
权值	5.92	5.47	4.97	4.57	4.36	4.16	4.06	3.97	3.97	3.88
主流标签	icons	widgets	invitations	food	tetris	objective-c	python	ipod	greasemonkey	games
权值	3.84	3.71	3.56	3.09	3.00	2.48	2.93	2.82	2.75	2.79
主流标签	video	ie	git	voip	library	photography	webcam	wireless	programming	gears
权值	2.76	2.64	2.96	2.46	2.43	2.25	2.16	2.11	2.06	1.88

6.1.3　推荐结果的给出

在得到用户模型后，从 Delicious 中抓取了 500 个 URL 作为推荐资源库，并建立这些资源的资源模型。采用直接匹配策略，将得到的用户模型与之一一进行相似度计算，将相似度最高的 10 个资源作为推荐结果返回。

1. 协同模型下的推荐

根据算法 3.1 和算法 3.2 所建立的用户模型相似度非常高，因此，其相应的推荐结果也非常相似。同时，考虑到 6.2 节中对算法效果的评价需要通过用户的参与来完成，而用户一般都不能辨别过于细微的差距，因此，在此只给出算法 3.1 的推荐结果（表 6.7）。表 6.7 列出了针对用户协同模型（表 6.4）所推荐的 10 个最相关资源。

表 6.7　基于用户协同模型的推荐结果

http: //jimmyg.org/2007/09/01/amazon-ec2-for-people-who-prefer-debian-and-python-over-fedora-and-java/
http: //typeface.neocracy.org/
http: //crunchbang.org/archives/2007/10/13/465-free-fonts-for-ubuntu/
http: //www.ccs.neu.edu/home/dorai/t-y-scheme/t-y-scheme-Z-H-1.html
http: //www.smashingmagazine.com/2007/06/08/free-brilliant-high-quality-fonts/
http: //www.scheme.dk/blog/2007/01/introduction-to-web-development-with.html
http: //fonts.tom7.com/
http: //www.datawrangling.com/on-demand-mpi-cluster-with-python-and-ec2-part-1-of-3
www.lifehacker.com/software/hack-attack/automatically-upload-a-folders-photos-to-flickr-262311.php
http: //linuxtidbits.wordpress.com/2008/11/25/better-lcd-font-rendering/

2. 多兴趣模型下的推荐

对于多兴趣模型，本书对每个子兴趣的推荐数量仍旧以10个资源为基数，但在同时结合每个子兴趣的兴趣度大小来设定相应的推荐次数。例如，对Multi-interest_BTC_Model而言，包括3个子兴趣，对应子兴趣度为73.23%、13.78%和12.98%，将其分别与10相乘后并向上取整数，每个子兴趣推荐数应为8个、2个和2个资源（表6.8）。同理，可以得到对Multi-interest_BRCUT_Model推荐的资源数应为5个、2个、2个和4个资源（表6.9）；对Multi-interest_BRCPT_Model应推荐3个、4个和4个资源（表6.10）。

表6.8　基于Multi-interest_BTC_Model的推荐结果

Sub*U*1
http: //www.prasannatech.net/2008/07/socket-programming-tutorial.html
http: //www.soocial.com/intro
http: //www.yougetsignal.com/openPortsTool/
http: //www.simplehelp.net/2007/09/09/how-to-monitor-your-internet-bandwidth-usage-in-windows/
http: //www.fsckin.com/2007/09/27/do-you-use-linux-the-riaa-and-mpaa-dont-want-you-to-use-this-program/
http: //doubleparity.net/2007/09/safer-surfing-on-untrusted-networks-mac-edition
http: //www.windowsnetworking.com/articles_tutorials/Networking-Basics-Part1.html
http: //lifehacker.com/software/how-to/map-an-ftp-drive-in-windows-304502.php
Sub*U*2
http: //alternateidea.com/blog/articles/2007/7/18/javascript-scope-and-binding
http: //www.jscreenfix.com/basic.php
Sub*U*3
http: //bargiel.home.pl/iGTD/
http: //www.toodledo.com/

表6.9　基于Multi-interest_BRCUT_Model的推荐结果

Sub*U*1
http: //www.mobileorchard.com/iphone-sqlite-tutorials-and-libraries/
http: //www.stanford.edu/class/cs193p/cgi-bin/index.php
http: //developer.apple.com/iphone/
http: //mashable.com/2007/07/09/twitter-mobile-2/
http: //www.aptana.com/iphone/

续表

SubU2
http: //www.3datadesign.com/gallery/eng/dual-wallpapers.php
http: //www.crestock.com/blog/photography/13-fantastic-free-wallpaper-images-80.aspx
SubU3
http: //bargiel.home.pl/iGTD/
http: //www.toodledo.com/
SubU4
http: //lifehacker.com/software/download-of-the-day/growl-notifications-for-firefox-and-thunderbird-mac-257878.php
https：//addons.mozilla.org/en-US/firefox/addon/3955
https：//addons.mozilla.org/en-US/firefox/addon/3692
http: //www.lkozma.net/fisheyetabs/

表 6.10 基于 Multi-interest_BRCPT_Model 的推荐结果

SubU1
http: //matadorstudy.com/10-japanese-customs-you-must-know-before-a-trip-to-japan/
http: //www.tripit.com/
http: //upl.codeq.info/
SubU2
http: //programming.nu/
http: //doubleparity.net/2007/09/safer-surfing-on-untrusted-networks-mac-edition
http: //www.grapefruit.ch/iBackup/index.html
http: //metaquark.de/appfresh/
SubU3
http: //oss.oetiker.ch/rrdtool/
http: //timerapplet.sourceforge.net/
http: //www.ubuntugeek.com/mount-and-unmount-isomdfnrg-images-using-acetoneiso-gui-tool.html
http: //www.linux.com/feature/117236

3. 基于传统模型的推荐

为了验证和比较本书提出算法的有效性，在此给出针对传统模型的推荐结果，如表 6.11 所示。

表 6.11　基于传统模型的推荐结果

http: //www.last100.com/2007/06/25/five-resources-to-create-a-wii-media-center/
http: //www.mattcutts.com/blog/linux-wiimote-via-bluetooth/
http: //couchdb.apache.org/
http: //gizmodo.com/5022769/exclusive-inside-the-lego-factory
http: //www.igvita.com/2008/02/11/nginx-and-memcached-a-400-boost/
http: //incubator.apache.org/couchdb/
http: //thinking-forth.sourceforge.net/
http: //home.iae.nl/users/mhx/sf.html
http: //excastle.com/blog/archive/2007/01/31/13141.aspx
http: //www.mentalfloss.com/blogs/archives/17972

6.2　推荐算法的评估

对算法的评估是衡量算法优劣的一个必要过程，但由于社会化标注系统本身就是一个扁平的系统，用户、资源和标签之间缺少类别的区分与层级结构。同时，目前还没有基于社会化标签算法方面的测试集，这给算法的评估带来了困难。鉴于此，目前类似的研究多采用用户参与评分这种主观评判方式来对算法的性能加以大致的评估，文献[150]就是一例。本书对算法的评估也是通过用户参与评分的方法来进行的。

具体评估的思路为：将得到的用户“ahmedre”的协同模型和多兴趣模型作为用户偏好，判断相应的 10 个推荐资源与偏好之间的相关性。Delicious 网站中的用户和资源主要以信息和网络技术为主，因此，邀请 30 位同学对推荐结果进行人工评价，他们都是信息管理方向的硕士生和博士生。把得到的用户模型和推荐结果发给这 30 位同学，让他们通过对用户模型中标签的浏览了解用户的偏好，然后访问相应的推荐资源，判断这些推荐结果是否符合目标用户的偏好，并根据相关的程度给这些资源评分。评分区间为 0 分到 10 分，0 分为毫不相关，10 分为高度相关。

在得到了打分的结果后，使用 GP 量度方法[150]对推荐结果进行评估。

$$\mathrm{GP}_i=\frac{\sum_{\alpha=1}^{t}\mathrm{score}(\alpha)}{i\times 10},a\leqslant 13 \tag{6.1}$$

其中，$\mathrm{score}(\alpha)$ 表示对用户模型返回的第 α 个推荐资源的平均评分，给定 $a\leqslant 13$ 的原因是 Multi-interest_BRCUT_Model 中需要推荐最多的 13 个资源。对于传统模型和用户协同模型，将 i 从 1 到 10 取值之间的每个 GP_i 分都进行计算；对于多兴趣模型，i 的取值最大为 11 或 13。将所有评分加以综合后，可以得到图 6.1 所示的结果。

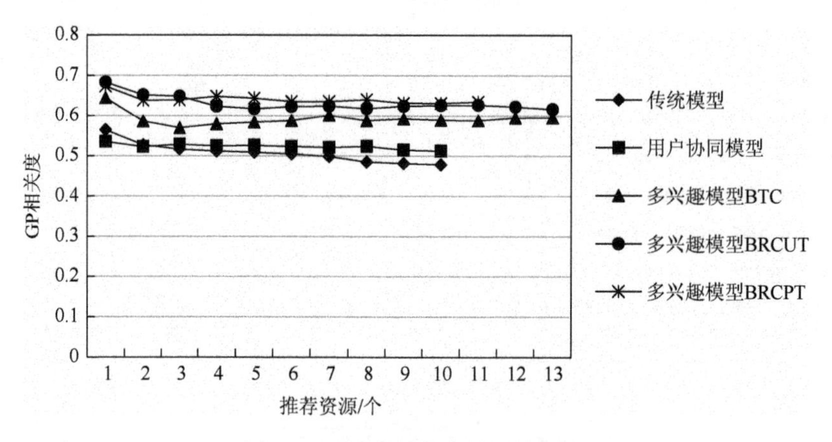

图 6.1　几种算法推荐效果的比较

从图 6.1 中可以看出，尽管传统模型所推荐的部分资源表现得比用户协同模型出色，但在整体上，用户协同模型还是体现出更好的推荐质量，其 GP 平均相关度得分为 0.52，略高于传统模型的 0.51。由于用户协同模型主要针对的是用户偏差，而用户“ahmedre”所标注的标签出现偏差的情况较少，这也限制了该模型特点的体现。当针对“ggg2000”这类存在频繁标注偏差行为的用户时，则用户协同模型更能体现出优越性。

同时，三个用户多兴趣模型的表现要明显优于上述两个模型，GP 平均相关度得分分别达到了 0.64、0.63 和 0.59。其中，基于资源聚类的多兴趣模型要好于基于标签聚类的模型，原因可能是基于资源的聚类具有更好的主题代表性，从而使得到的用户子兴趣主题更为明确，从而具有更好的推荐质量。在两个基于资源聚类的模型中，根据主流标签进行聚类的模型具有最高的推荐相关度，这也在一定程度上再次验证了主流标签对于资源内容特征的代表性。

第三篇　语义优化篇

正如许多文献中所指出的，社会化标注为用户模型的建立提供了新的思路，标注也能较大程度地反映用户的真实偏好与兴趣。但不可否认，社会化标注也存在较多不完善之处：一方面，用户在标注标签时的随意性导致标签在形式上的差异，并成为资源共享的障碍；另一方面，标签所用的词汇存在同义与多义的问题。其中，同义标签是指用多个不同形式的标签表达的是同一概念或内涵，而多义标签则是不同用户使用同一标签表达多个含义，或者相同用户在不同的时间用相同的标签表达不同含义。在缺失语境的情况下，人们往往无法对多义标签的确切含义进行正确理解。

显而易见，如果标签在表述形式上偏离主流的表达方式，对于资源的共享无疑是不利的。第 3 章所讨论的用户协同模型其主要目的就是解决用户在标签表述时的形式偏差，使得建立的模型能与资源进行更为准确的匹配。而同义与多义问题要比标签形式偏差的影响更为广泛：假设在标注系统中对于“免费”是用“free”和“discharge”两个同义词来表达的，而某个用户的模型中只包含了标签“free”，那么对于该用户而言，找到使用标签“discharge”标注的同类资源的可能性就降低了。而对于标签多义而言，主要是影响了用户模型中的标签含义的明确性，标注了苹果公司的“apple”有可能返回的是探讨水果主题的资源，从而有可能降低推荐信息的质量。

在现有文献中，许多研究者对标签的同义和多义问题做了多种角度的探讨，不仅应用了概率、统计、网络等传统方法，还使用了 Wikipedia、WordNet、ConceptNet 等语义资源对同义标签挖掘、多义标签识别与含义消歧、同义多义标签下的资源检索、标签的层次性等众多问题进行了广泛的分析。尽管这些分析在寻找标签的同义词和确定多义标签含义等方面提供了众多的思路，但还鲜有文献将相关成果与用户模型和个性化推荐相结合，对用户模型和资源模型中面临的标签同义和多义进行处理。实际上，一般用户模型和资源模型都包含多个标签，而已有的研究都是以单个或少量标签为对象，因此，还不能将这些成果或思路直接应用到推荐算法的同义与多义处理中，还需要进行更为深入的分析与解决。以下试图为减轻标签同义和多义问题给个性化推荐所带来的影响提供可能的思路，以进一步提高推荐的质量。

本篇包括第 7 章、第 8 章与第 9 章，主要是针对标签的多义与同义问题，提出优化的推荐算法并进行验证分析。其中，第 7 章是对推荐算法中标签所存在的多义问题的处理。首先，对标签进行预处理；其次，通过结合 CPM 算法对标签进行聚类分析，并将类与类之间的重合标签定义为多义标签；再次，给出多义标签的邻居标签集并计算与其目标资源模型间的相似性，以确定多义标签的具体含义；最后，将邻居标签集吸收到推荐算法之中。

第 8 章是对推荐算法中标签所存在的同义问题的处理。主要思路是借助 WordNet 找出目标标签的同义标签集，并将其吸纳到资源模型之中，以增强同义标签在查找时的覆盖率。在此基础上，给出基于同义扩展的个性化信息推荐算法。

第 9 章是多义与同义优化算法的实现与评价，提出了一种基于标签推荐质量值的算法评价方法。

第 7 章　基于多义标签的推荐算法优化

7.1　标签预处理

标签是直接存在的独立词汇而非成文的文本，因此没有涉及分词、停用词、标点等的处理。同时，尽管标签中存在缺乏普遍意义的符号或者带符号的标签，但一般来说这些带符号的标签在资源中出现的频率较低，也就不太可能进入用户模型或资源模型，难以对推荐形成实质性的影响。因此，本书对于标签的预处理，主要是对标签进行词形词性变换，包括标签的单复数、不同词性及合成词的问题。

以下通过两个普遍却又典型的例子，来分析标签词形词性变换的必要性。随机选择 Delicious 上的两个资源：The Crisis of Credit Visualized（www.crisisofcredit.com/）和 Picnik（www.picnik.com/），这两个资源分别被收藏 452 次和 16414 次。对第一个资源进行分析，得到其标注次数最多的 30 个标签及频率，如表 7.1 所示。由这些标签可以发现，单复数、词的不同词性、合成词等是其中最为突出的问题。例如，单复数的标签有“video”和“videos”，“graphics”和“graphic”；不同词形词性的有“visualization”、“visualisation”和“visual”，“economics”和“economy”；合成词的有“creditcrisis”和“towatch”等。应该说，在仅仅 30 个标签中就有如此普遍的词形词性问题，这是一个非常值得注意和重视的问题。

表 7.1　资源“The Crisis of Credit Visualized”的前 30 个标签和频率

标签	频率	标签	频率	标签	频率
economics	208	economy	60	visualisation	13
video	191	creditcrisis	40	inspiration	10
finance	184	graphics	26	towatch	9
visualization	178	motion	22	banks	7
credit	142	usa	20	infographic	7
animation	127	graphic	18	visual	6
crisis	125	infographics	16	financial	6
money	118	interesting	15	explanation	6
business	79	videos	14	crise	4
design	63	information	13	bailout	4

第一个资源的被收藏次数较少，可能存在一定的偶然性因素。因此，进一步对收藏次数较多的资源加以考察，验证其是否也存在类似问题。在表 7.2 中，同样发现了这样的问题。例如，有“photo”和“photos”，“tools”和“tool”，“images”和“image”等单复数标签，有“editor”、“editing”和“edit”等不同词性的标签，还有“fotos”和“foto”等根据发音的简写词及“webapp”和“photoediting”这样的合成词标签。应当说，基于如此庞大的用户收藏数，同时又是认同度最高的 30 个标签，其中的单复数、多词形词性和合成词问题仍然多见，从某种程度上而言，的确也表明了社会化标注系统中目前所存在的问题。鉴于处理的复杂性，本书仅对标签的单复数和多词形词性问题进行分析，而对合成标签暂不处理（Delicious 不允许使用词组作为标签，因此其合成标签的问题也较为常见），尽管鉴别和合理处理合成标签是一个非常现实且有价值的研究主题。

表 7.2　资源“Picnik”的前 30 个标签和频率

标签	频率	标签	频率	标签	频率
photo	6145	images	1073	flash	465
editor	4693	free	1054	webapp	445
tools	4692	photoshop	1016	fotos	361
photography	4616	graphics	923	edit	342
web2.0	3989	design	769	art	318
online	3655	web	767	foto	297
photos	3583	image	739	freeware	287
editing	1894	pictures	698	ajax	266
flickr	1204	tool	681	photoediting	236
software	1135	picnik	498	apps	207

7.1.1　单复数

应当说，即使在资源的主流标签中，单复数共现的现象也十分普遍，而用户模型实际上是建立在资源的基础上的，因此，也必然会受标签单复数问题的困扰。就该问题本身而言，用户实际上是用同一词表达同一信息，但存在单复数的区别。这给用户模型和资源模型的构建造成了影响，如同是同一标签占用了两个空间，不仅分散了该标签本身的应有权值，而且压缩了其他标签成为主流标签的机会，从而有可能影响模型整体的结构与其他标签的权值。

鉴于此，本书的思路是先找出目标资源中所有复数形式的标签，并将这些标签转化为单数形式，然后查验这些单数形式的标签是否在该资源中已存在。如果已经存在，则将这些标签加总到该资源中对应的单数标签中。如果不存在，则将标签添加到目标资源的标签集中。最后得到处理后的标签集。

7.1.2　多词形、多词性

同样，标签多词性、多词形也会分散标签的自身权重，同时压缩其他标签的空间，因此也需要对这一问题进行处理。通常可以对标签进行原形转化，根据词典将不同词形词性的标签转为同一单词原形。例如，对于上面例子中的“editor”、“editing”和“edit”，它们属于同一单词的多种形式，表达的是相似含义。因此，无须同时出现在反映资源特征的资源列表中，而只需其原形“edit”即可表示大部分的信息。

在处理方法上，部分词汇分析工具支持单词的原形转换，可以利用这些工具对资源中的标签进行预先的词形词性处理，这些处理往往也可以解决单复数的问题。在此基础上，查验资源的标签集中是否存在相同的标签原形，并将具有相同单词原形的标签进行合并，最后重新计算标签权重得到主流标签（图 7.1）。

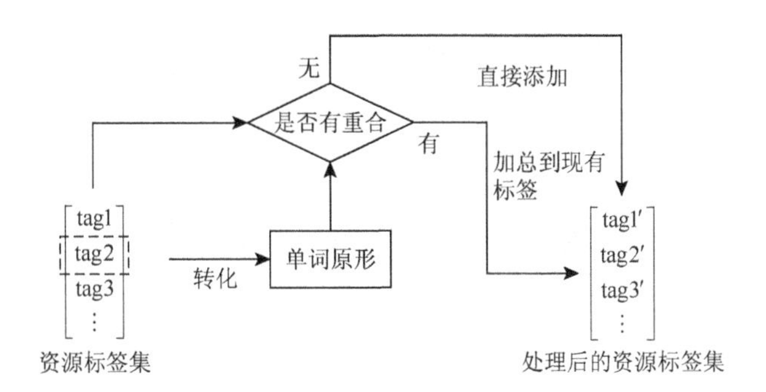

图 7.1　标签的预处理

7.2　多义标签识别

在内涵上，多义标签是指有多个不同意义的标签，这些意义之间可能存在某种程度的联系，也有可能完全不相关。在基于关键词的检索中，多义的存在往往使得检索结果有相关的结果，也会存在与检索者出发点不相关的信息资源。在社会化标注系统中，在单个资源的前提下，主流标签间的语义相关性往往可以在一定程度上保证某个多义标签被合理理解，但在用户模型中，由于对多个资源的标签进行了加总，总的汇总标签在语义间的相关性减弱，这就使得在用户模型中多义标签的理解偏差问题变得突出。

目前，主要存在三种消除多义的方法，包括词典工具、实例方法，以及利用统计分析的方法。就当前的研究现状看，词典工具与实例方法在社会化标注中使用得比较多，但多数研究者仅是关注信息查询中的多义问题。由于信息查询过程中，仅需要对少量的关键词进行处理，采用的或是用户参与的方法，或是根据关键词相互间的语义来进行义项识别，进而将获得的额外信息加入检索条件中，来实现标签消歧的问题。但在推荐算法中，用户模型、资源模型涉及标签的数量均较多，通常在 10～30 个。其中带来的一个问题是这些标签中往往存在多个多义标签，而这些多义标签都需要进行额外信息的加入。多个额外信息加入，容易造成语义间的混乱与冲突，甚至淹没原有较为明确的标签信息。因此，如何进行额外信息的补充加入，是多义标签处理过程中需要处理的关键问题。

现有词典工具、实例方法，以及利用统计分析方法在社会化标注领域已取得成果，如 WordNet 方法的应用，但总体而言，这些方法也存在一些缺陷，主要是词典知识并不能反映知识的全面性与动态性变化，对于某些特定领域，一般性的词典工具都缺乏相应的知识库，从而对该方法形成了限制。利用 Wikipedia 的方法是实例方法中较为典型的一种，文献[166]更是认为 Wikipedia 是确定标签含义的最佳参考，该方法的不足是需要对文本进行挖掘才能使用。Wu 等的研究是基于统计分析方法中较为有代表性的一种，研究者由参数值得到浮现语义，来确定目标标签的具体含义[150]。该方法的优势是不需额外信息，无监督学习更是可以实现自主处理，提升从较为混乱的标签信息中发掘出有规律信息的能力。受此启发，尤其是其中无监督学习中对标签含义的确定[150]，结合用户模型与资源模型包括多个标签的特性，本书以构建标签共现网络为基础，对标签进行聚类。在标签类划分的基础上，识别多义标签，并构建多义标签集。进而根据目标用户的模型，计算标签集间与用户模型的相似度，选择高相似度的标签集作为义项标签集。最后，将其添加到用户模型中，对用户模型进行扩展与优化，降低多义标签的影响。

7.2.1 多义标签识别概述

根据 WordNet 的统计，单义词在数量上比多义词要占据绝对优势，即多义词的比例是有限的。与此同时，尽管某个词在 WordNet 中表现为多义词，但在标注系统中，有可能只出现了一种含义，也可将这样的词认定为特定条件下的单义词。本书中的多义标签指在标注系统中表现出多个不同义项的标签。

在实际的标注网站中，属于特定某个资源的标签间由于存在相互间的语境支持，多义标签往往并不会被人所误解。苹果公司的网页（表 7.3），由于有“iphone”“mobile”等标签的语境支持，人们肯定不会将标签“apple”理解为可以吃的苹果。表 7.4 中的例子与此类似。这些例子也从一定程度上提供了思路：语境信息可以帮助正确理解一个多义标签在该语境中所表达的特定含义。

表 7.3　苹果公司 iphone 页面的热门标签

标签	iphone	apple	mobile	phone	ipod	mac	technology	osx	wishlist	bit200w07
标注次数	928	898	467	415	337	267	259	151	99	91

资料来源：www.apple.com/iphone/

表 7.4　资源“菜单”的热门标签

标签	cake	dessert	apple	recipes	baking	recipe	apples	cakes	desserts	food
标注次数	42	41	31	29	16	14	11	9	7	7

资料来源：www.elise.com/recipes/archives/007394apple_upside_down_cake.php

考虑到用户模型的构建是将多个资源模型进行加总而得到的，因此，进入用户模型的高权值标签间语境关系一般会比在单个资源中的标签语境弱化较多，即用户模型中的标签相互间无法提供足够的语境支撑。在此，需要将这种语境信息加以恢复，利用标签共现网络对标签进行分析。由于共现标签间往往有语义关联，相关标签所形成的标签类中其他标签便可以为目标标签提供语义支撑，进而为多义标签的义项识别奠定基础资料。将上述属于同一类的相关标签定义为目标标签的邻居标签，其获取的思路见图 7.2。

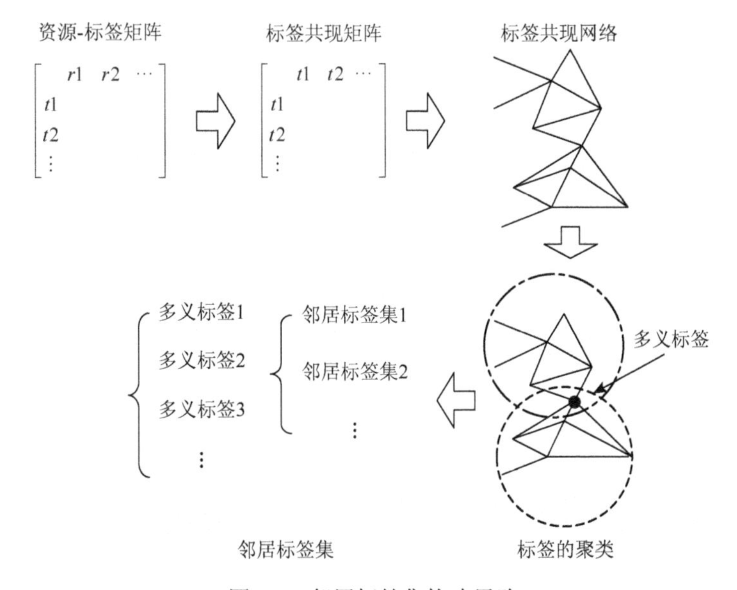

图 7.2　邻居标签集构建思路

每一资源均为相应的标签集，而类似资源间往往会存在一定数量的相同标签。资源间的类似程度越大，重合标签的数量也就越大。在表 7.5 中，将资源与标签之间的关联关系描述为矩阵的形式。其中，数字表示当前标签在相对应资源中被标注的次数。在资源-标签矩阵的基础上，通过统计每两个标签在同一资源中出现的次数，得到标签与标签间的共现矩阵，如表 7.6 所示，表中的数值表示的是两个标签在标注系统中总的共现次数。一般而言，共现次数越高，说明两个标签之间越相关；共现次数越低，则说明两个标签间的相关性越小。如果共现次数为零，则说明两个标签不相关。

表 7.5　资源–标签矩阵

	R_1	R_2	R_3	…	R_m
Tag1	8	1	0	…	0
Tag2	10	2	0	…	1
⋮	⋮	⋮	⋮		⋮
Tag$n$	1	0	1	…	0

注：为说明起见，表中数字为虚构的值

表 7.6　标签的共现矩阵

	Tag1	Tag2	Tag3	…	Tag$n$
Tag1	—				
Tag2	32	—			
Tag3	17	5	—		
⋮	⋮	⋮	⋮		
Tag$n$	2	0	11	…	—

注：为说明起见，表中数字为虚构的值

在标签-标签共现矩阵的基础上，可以将矩阵映射成为共现网络。其中，网络中的点表示标签，边则表示两个标签间是否存在共现关系。共现次数越高，边的权值就越大。因此，越是相关的标签，反映在共现网络上则是权值越高的边所连接的两个点。可以利用共现网络，发掘目标标签所相关的标签，并以相关标签来增加目标标签的语义。

表 7.6 中某个值的计算，是由表 7.5 中对应两栏中较小值相加后得到的。例如，表 7.6 中 Tag1 与 Tag2 的共现次数是 32，该值是由表 7.5 中 Tag1 与 Tag2 两栏中对应值的较小值相加而成，即 $\min(10, 8) + \min(1, 2) + \cdots + \min(0, 1) = 32$。

为获取目标标签的语义相关标签，对共现矩阵进行 CPM 聚类，分析得到关于所有标签的类的划分，每一类别对应一个主题。在具体的处理过程中，未对共现网络中边的权值加以考虑，但与此同时，为了降低低共现标签对高共现标签的影响，在后续算法的执行过程中，通过设定共现阈值，将低频共现标签排除在网络构建之外。由于 CPM 允许类与类之间的重叠，这种重叠的标签具备两个或两个以上的相关标签类，即邻居标签集。在技术层面上，将这种具备两个或两个以上邻居标签集的标签，认定为多义标签。

7.2.2　标签的邻居标签集

通过对标签的聚类分析，统计每个标签的所属类别数，便可以识别用户模型或资源模型中的多义标签。考虑到在单个资源中，任意标签往往只具有一个含义，而对于多义标签，其在使用时通常是面对不同的语境，而形成这些语境的标签群也肯定属于不同的主题。因此，可以认为，多义标签必然是在 CPM 算法中所得到的类与类之间的重叠部分标签，而这些标签由于对应了多个不同语境的标签类，在此将其认定为多义标签。

在对共现网络进行 CPM 聚类的基础上，识别得到多义标签，进而获得关于多义标签的邻居标签集（表 7.7）。在该表中，“多义标签”指 CPM 聚类中的重合标签，“所属类别数”指多义标签所包含的类别数量，“邻居标签集”则是多义标签每一对应类别中，除该标签自身外，其他该类中的标签的集合。值得注意的是，邻居标签集中不仅包括标签，也涵盖了标签的权值，反映的是某个标签与目标多义标签的共现次数。邻居标签集本身也需要具备某个权值，其权值的确定取决于目标标签在用户模型或资源模型中的归一化权值，表示目标标签在模型中的贡献率。可以认为，邻居标签集的构建，为多义标签的消歧问题提供了现实基础。

表 7.7　邻居标签集

序号	多义标签	所属类别数	邻居标签集	权重
1	Tag1	3	set1	$w1$
			set2	$w2$
			set3	$w3$
2	Tag2	2	set4	$w4$
			set5	$w5$
⋮	⋮	⋮	⋮	⋮
n	Tag$n$	2	set（$n+m$）	w（$n+m$）
			set（$n+m+1$）	w（$n+m+1$）

7.3 用户模型标签消歧

基于邻居标签集的构建，进一步的关键问题是推荐算法的扩展，核心是处理邻居标签集与用户模型、资源模型之间的关系，在实现消歧目的的同时，减少邻居标签对已有模型的负面影响。

7.3.1 选择用户模型

在某个特定资源中，权值较高的主流标签相互间提供了充分的语境信息，因此，对其中涉及的多义标签的特定义项所指都较为明确。但在用户模型中，由于用户可能标注了多个不同领域主题的资源，这些资源所属的主流标签混合在同一向量空间时，再结合基于权值大小的不甄别挑选机制，就会使得用户模型中的标签间语义信息减弱，甚至会出现一定程度的混乱，致使其中涉及的多义标签难以被恰当理解。事实上，语境信息的稀缺也是研究者认为的标注网站面临的一大核心问题[23]。在此，本书试图借助邻居标签集，利用其较强的语境信息实现对用户模型中相对较弱语境信息的补充。

鉴于邻居标签集的构建是通过共现关系的标签网络聚类分析所得，因此，相对于某个特定的资源而言，邻居标签集中的标签尽管是语境相关的，但这种语境的熵值一般都会比特定资源中主流标签间的熵值低，其提供的语境更为偏向代表该类资源的总体特征，表示的是一类资源共性语义。基于此，若将邻居标签集添加到资源模型，则是用弱语境去补充强语境，是缺乏充足的理由的。因此，考虑将邻居标签集扩展至用户模型，由于纳入用户模型的标签是基于权值大小在用户所标注的资源中筛选产生的，而用户所收藏的资源数量往往多达几百乃至几千个，这便会涉及成千上万个标签，从根本上致使用户模型的语境信息较差，而邻居标签集的语义信息可以为其提供支撑。当对用户模型与资源模型进行相似度计算时，用户模型中的某个多义标签由于扩展了邻居标签集，与邻居标签集语境相类似的潜在资源便可以获得更高的相似度，从而使得更为相关的资源进入备选推荐列表。

7.3.2 确定邻居标签集

在用户模型的构建中，通常会纳入 10～30 个权值较大的主流标签，这其中多义标签占一定的比例。若将其中的多义标签所涉及的邻居标签集全部扩展到用户模型，势必会造成原有模型的负面过载，致使一定程度的模型失真。因此，在具体的算法执行策略中，选择如下思路。

（1）对于目标用户，形成待推荐资源库；

（2）根据邻居标签集，识别目标用户中的多义标签；

（3）对于任一待推荐的资源，比对用户模型与该待推荐资源模型的相同标签，查验相同标签是否为步骤（2）中识别的多义标签；

（4）将该多义标签的邻居标签集加以吸收。

在该算法策略下（图 7.3），通过增加一个逻辑处理过程，可以使得满足条件的多义标签数量大大减少，解决了由于多个多义标签而需要添加多个邻居标签集的问题，语境信息扩展的针对性有效提高。

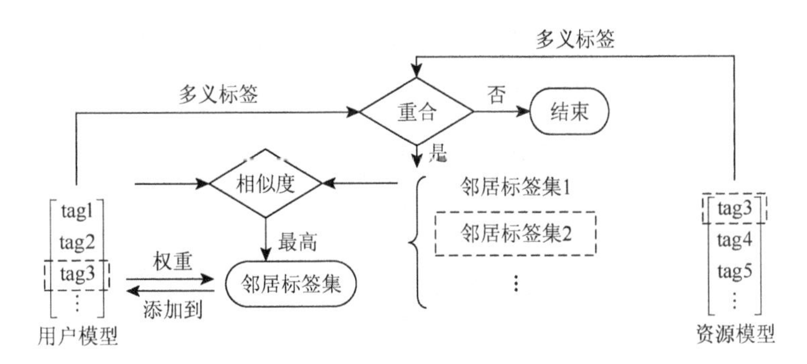

图 7.3　基于多义优化的用户模型

在识别了目标多义标签的基础上，下一步则是确定多义标签的合适义项，即确定具体的邻居标签集。对同属于一个多义标签的不同邻居标签集而言，其对应的是该多义标签在不同主题下的特殊含义，同时每个邻居标签集都具有较为明确的语义。尽管用户模型受到多个资源标签累计叠加而产生的语义减弱影响，但语义信息并未到达混沌的状态，在一定程度上势必保持了其收藏资源的语境信息。同时，考虑到处理逻辑的简单性及对其他外部信息的有限依赖性，在此提出了利用用户模型中的语义信息作为基础语义，进而确定具体的邻居标签集的思路。主要处理逻辑如下。

（1）对任一目标用户，得到其用户模型；

（2）根据已识别的待处理多义标签，获取该多义标签的邻居标签集；

（3）将邻居标签集转化为向量的形式，逐一计算用户模型与各邻居标签集之间的相似度，得到相似度排名；

（4）选择相似度最高的邻居标签集，作为待添加到用户模型的语义信息。

7.3.3　邻居标签集的吸收

在确定了具体邻居标签集的基础上，根据邻居标签集所对应的多义标签在原有用户模型中的权值，按照一定的调节系数，给出该邻居标签集的一个整体系数，将邻居标签集以向量相加运算的形式添加到目标用户模型中。同时，考虑到邻居标签集有可能涉及数量较多的标签，而在部分情况下，用户模型若仅有 10 个标签，过多标签的加入势必会冲击原有模型的信息特征，因此，根据邻居标签集中标签与对应多义标签的共现次数，选择数量较少的标签进入用户模型。具体的吸收策略如下。

（1）得到邻居标签集中各个标签与目标多义标签的共现次数，提取共现次数最大的若干个标签作为待添加标签，如 3～5 个；

（2）依据目标多义标签在用户模型中的权值，确定待添加的邻居标签集权值，赋值系数可为 1/3～1；

（3）将遴选后待添加的邻居标签集转化为向量的形式，各标签的权值为归一化处理后的共现次数比例；

（4）将处理好的向量与用户模型向量相加，得到优化的用户模型。

7.4 基于标签消歧的推荐优化算法

从共现矩阵、共现网络的构建，到运用 CPM 对网络进行聚类分析产生邻居标签集，再从多义标签的识别、邻居标签集的筛选，到邻居标签集的简化、权值化、向量化，最后将邻居标签集向量添加至用户模型，扩展形成新的用户模型，构成了基于标签消歧推荐优化算法的核心。

算法 7.1 基于共现的标签消歧推荐算法

1：建立用户模型 U （算法 3.1）、资源模型 R （算法 5.1）

2：面向标签系统，建立全局性的资源（R）-标签（T）矩阵（表 7.5）

3：将 RT 矩阵转化为标签共现矩阵 VecTT（表 7.6），并进一步转化为标签共现网络

4：设定边的阈值，简化 NetTT。基于 CPM 对 NetTT 加以聚类，得到不同标签类

5：比较不同类，识别重叠（多义）标签。得到多义标签集 Set$T$ 与邻居标签集 Nei$T$（表 7.7）

6：对任一用户模型 U_i

7：对任一资源模型 R_j

8：比较 U_i 与 R_j 是否存在重合标签，对照邻居标签集数据库判定是否为重合多义标签 Same_Set$T$
是：执行步骤 9；否：跳到步骤 15

9：对 Same_Set$T$ 中的每一标签

10：依据邻居标签集数据库，得到邻居标签集 Same_Nei$T$，将其转为对应数量的向量 Vec_Nei$T$

11：计算 U_i 和 Vec_Nei$T$ 之间相似性，将相似值最高的 Vec_Nei$T$ 记为 Top_Nei$T$

12：依据与 Same_Set$T$ 的共现数，选择 Top_Nei$T$ 中 k 个共现最高标签 Top$k$

13：按照 Same_Set$T$ 在用户模型中的权值，给出调节系数，确定 Top$k$ 的权值 w

14：将 Top$k\times w$ 转化为向量形式，相加到用户模型向量中，得到扩展的用户模型 U_e

15：计算 U_e 和 R_j 的余弦相似值 $\text{sim}(U_e,R_j)$ //无扩展则计算 $\text{sim}(U,R_j)$

16：按照 $\text{sim}(U_e,R)$ 大小，为用户推荐 m 个资源

与此同时，也可以基于 WordNet 进行消歧，主要的区别在于计算邻居标签集中对应标签与目标标签间的语义相似度，而非算法 7.1 中的共现关系。标签 t_1 与 t_2 间语义相似度可以计算如下：

$$\text{sim\_tag}(t_1,t_2)=\text{MAX}\{\text{sim}(C_{1i},C_{2j})\} \tag{7.1}$$

其中，$\text{sim}(C_{1i},C_{2j})$ 表示概念间的语义相似度，是第一个单词的第 i 个概念和第二个单词的第 j 个概念的语义相似度。具体计算是基于 WordNet 中的 is-a 关系分类树，算法表示如下。

$$\text{sim}(c_1,c_2)=\frac{2\times\text{depth}\left[\text{lso}(c_1,c_2)\right]}{\text{len}(c_1,c_2)+2\times\text{depth}\left[\text{lso}(c_1,c_2)\right]} \tag{7.2}$$

这其中不仅考虑了概念 c_1 与 c_2 的公共父节点及其深度，也考虑了相互间的路径。两个概念如果有同一公共父节点，其路径越大，相应的语义相似度值越小；如果两概念对的路径相同，其公共父节点所处深度越大，语义相似度值也越大。因此，通过对算法 7.1 在邻居标签集中的部分修改，得到算法 7.2。

算法 7.2　基于 WordNet 的标签消歧推荐算法

1：执行算法 7.1 的前 7 步

2：比较 U_i 与 R_j 是否存在重合标签，对照邻居标签集数据库判定是否为重合多义标签 Same_Set$T$
是：执行步骤 3；否：跳到步骤 10

3：对 Same_Set$T$ 中的每一标签

4：依据邻居标签集数据库，得到邻居标签集 Same_Nei$T$，将其转为对应数量的向量 Vec_Nei$T$

5：计算 U_i 和 Vec_Nei$T$ 之间相似性，将相似值最高的 Vec_Nei$T$ 记为 Top_Nei$T$

6：计算 Top_Nei$T$ 中每一标签与 Same_Set$T$ 的语义相似度[式（7.1）]

7：选择相似度最大的 k 个标签，记为 Top$k$

8：按照 Same_Set$T$ 在用户模型中的权值，给出调节系数，确定 Top$k$ 的权值 w

9：将 Top$k\times w$ 转化为向量形式，相加到用户模型向量中，得到扩展的用户模型 U_e

10：计算 U_e 和 R_j 的余弦相似值 sim(U_e, R_j)//无扩展则计算 sim(U, R_j)

11：按照 sim(U_e, R)大小，为用户推荐 m 个资源

算法 7.2 与算法 7.1 相比，由于借助 WordNet 的外部知识，更多考虑在一般情况下两个标签间的语义相关性。而算法 7.1 则更多依赖共现关系，反映的是标注系统内两个标签间的距离，更多地体现了局部性与情景性。

第 8 章　基于同义标签的推荐算法优化

同义词是现实生活中非常常见的，人们喜欢用不同的词来表达类似的意思。这些词尽管大意相似，但多少存在细微的差别，进而被用来表达不同的情感、诉求等。在专业领域，同义词也大量存在，因此造成在标注系统中同义词也非常常见，用来从不同维度描述相似内容。在 Delicious 中，可以发现如“graphics”和“infographics”，“animation”和“motion”，“photoshop”和“graphics”，“flickr”、“image”和“pictures”等较多表述相近意义的标签，这些标签往往出现在同一资源中。用户喜欢使用不同的标签描述同一资源，而同类主题的不同资源，更是存在大量使用相近意义表达的标签。这些标签是语义相关的，但若固守同一形式，将无法为用户匹配到合适的资源。

在实际应用中，用户由于受其知识结构和行为习惯的影响，倾向于使用较为固定的词来描述同一内容。类似地，其他用户也会遵循这一行为模式，但用户与用户间的用词区别造成资源往往会被使用不同的标签加以标示，尽管这些标签表达的是类似的意义。在信息推荐中，上述行为将会产生两个方面的影响：一是用户会使用不同的标签表达同一意义，在采用主流标签的逻辑处理框架下，分散了标签的权值，即如果将所有的同义标签加以综合考虑，某个主流标签有可能需要赋予更高的权值。同时，若有两个或两个以上的同义标签进入主流标签，将会影响用户模型的特征丰富度，即弱化了权值，对其他标签成为主流标签形成了阻碍。二是当用户模型中表达某一意义的标签与资源模型中表达该相同意义所使用的标签不一致时，两者间的相似度就会被低估，使得给用户推荐资源时，仅能推荐与其自身所使用标签在形式上保持一致的相关资源，而无法将具有相同意义却使用不同词的资源加以推荐。在大多数情况下，这种推荐的局限性会大大降低用户获得推荐信息的满意度。因此，需要在这些表达相似意义的标签间建立关联，以实现更为友好和有效的推荐。

本书用户模型采用的是主流标签模型，从建模的实际例子观察，发现用户模型中同义词出现的比例较低。因此，本章采取在用户模型构建的基础上对同义标签进行处理，即处理的是上述提及的两个影响的后一个影响，主要提升传统检索中的查全率。在提升标签同义信息上，主要采用 WordNet 作为识别同义标签的工具，并使用上下位词、整体部分词作为补充语义信息。在此基础上，利用目标资源的明确语义确定同义词的合理义项，进而给出相应的权值，转化为向量的形式相加到资源模型中，实现资源模型的扩展。

8.1 WordNet 概述

WordNet 是目前最主要的常识工程之一[226]，是由普林斯顿大学认识科学实验室（Cognitive Science Laboratory）所开发的工具，其目的是让机器拥有大部分人所知道的众多事实和理解力，即了解常识[168]。在 WordNet 中，最基本的关系就是同义关系（synonym）。如果两种表达方式在文本资源中可以相互替代而不改变其意义，则这两种表达方式就是同义的。从计算机处理的角度而言，同义关系就是词与词之间的一种等价关系。等价关系是对称可传递的，因此同义关系可以把词与词用概念关联起来形成同义词集合（synset）。可以说，同义词集合是 WordNet 最为核心的组成部分。

在 WordNet 中，按照词性的不同，可将同义词集合分为名词同义集、动词同义集和形容词同义集等。每个同义词集合都代表了一个基本的语义概念，并且这些集合之间往往由各种关系所连接，进而体现出网络的结构。其中，名词同义集包括上下位关系、整体/部分关系、反义关系、属性关系、派生关系、主题关系、区域关系和语用关系等；动词同义集包括制约关系、因果关系、参见关系、群组关系等；形容词同义集包括相似关系、分词关系、附着关系等。

从最新发布的 WordNet 3.0 中可以了解该软件的大致信息①。表 8.1 描述了 WordNet 所具有的独立词形数，可以看到，名词的数量处于绝对多数，达到 117798 个。同时，名词对应的同义词集也是最多的，共代表 82115 个不同概念。部分词汇既是同义词又具有多个含义，因此一个词可能对应多个义项②，总词-义对（word-sense pair）就是对词及其多个含义的描述。

表 8.1　词汇、同义词集和语义信息表

词性	独立词形	同义词集	总词-义对
名词	117798	82115	146312
动词	11529	13767	25047
形容词	21479	18156	30002
副词	4481	3621	5580
总计	155287	117659	206941

① WordNet 3.0 database statistics. http: //WordNet.princeton.edu/man/wnstats.7WN。

② 一个词往往有几个意义，每一个意义就是一个义项，在词典中表现为一个条目。

表 8.2 是对 WordNet 中多义词信息的描述，从中可以发现，在所有名词的独立词形中，有近 1/7 为多义词。而这一比例在动词中则要高得多，接近 1/2 的动词具有多个含义，在形容词中这一比例大于 1/5。副词中的多义词则比较少。同时，就这些多义词所包含的义项数量而言，动词的义项最多，平均为 3.57 个，名词和形容词的义项居后，分别为 2.79 和 2.71 个，如表 8.3 所示。

表 8.2　多义词信息表

词性	单义词和语义	多义词	多义词语义
名词	101863	15935	44449
动词	6277	5252	18770
形容词	16503	4976	14399
副词	3748	733	1832
总计	128391	26896	79450

表 8.3　平均词义信息表

词性	平均词义（包括单义词）	平均词义
名词	1.24	2.79
动词	2.17	3.57
形容词	1.40	2.71
副词	1.25	2.50

在社会化标注系统中，主流标签往往以名词为主，其次为动词和形容词，而出现副词的情况较少。同时，名词也是 WordNet 中最为主要的组成词汇，其中所包括的名词基本上涵盖了常用的英语名词词汇。因此，对同义标签的处理也以名词为主，而对形容词和动词暂不涉及。

8.2　构建同义标签集

基于 WordNet 知识库，可以判断用户模型与资源模型中是否存在同义标签。在确认同义标签存在的基础上，可得到某个目标标签的同义词。在某些情况下，部分标签会出现既是同义词，又是多义词的情况，不同的多义词对应不同的同义词组，因此，也就需要对这些标签在当前语境下的含义进行判断，增加了整个问题处理的复杂性。同时，WordNet 的词汇数据较大，部分收录的同义词有可能在整个标注系统中并不出现，考虑到若将这些同义词加入会减弱模型的准确性，因此在处理时会对此进行判别，以剔除冷僻的同义词进入推荐算法。

在 WordNet 的数据结构中，词汇矩阵模型是其中较为核心的组织模式。如表 8.4 所示，其主要由词形（F_1、F_2、F_3、…、F_n）与词义（M_1、M_2、M_3、…、M_m）两个维度组成，表示的是某个词形对应有多少个含义。例如，单元格 $E_{1,3}$ 表示词形 F_3 具有 M_1 的含义。同时，F_3 还有单元格值 $E_{2,3}$、$E_{3,3}$，表示 F_3 具有多个含义，是多义词。同理，F_1 与 F_2 都具有 M_1 的含义，这就表示 F_1、F_2、F_3 互为同义词。

表 8.4　词汇矩阵模型

词义	词形				
	F_1	F_2	F_3	…	F_n
M_1	$E_{1,1}$	$E_{1,2}$	$E_{1,3}$		
M_2			$E_{2,3}$		
M_3			$E_{3,3}$		
⋮	⋮	⋮	⋮		⋮
M_m					$E_{m,n}$

通过词汇矩阵模型，可以帮助识别标签的同义与多义性。即当一个词既在纵向有两个或两个以上的有效值，同时又在横向有两个或两个以上值的时候，该标签便集中了多义与同义两个问题。表 8.4 中，F_3 便是一个典型的示例。矩阵在表达形式上层次较为分明，并以数据库的形式轻松实现数据的调用，这与本书对同义标签处理与补充优化的思路较为切合，因此，采用矩阵来组织与存储同义标签集。

8.2.1　确定标签含义

某个标签既可能有多个同义词，又可能有多个义项，且每个义项又可能有多个同义词，因此，问题就变得较为复杂。例如，表 8.5 展示的是对于特定词“credit”，通过在 WordNet 中查询关键词，可以得到 8 个不同义项，其中 5 个义项包含了多个同义词。在具体操作中，若无法识别该词在目标环境中的具体含义，就无法获取同义词。因此，确定特定词的含义成为首先需要处理的问题。

表 8.5　“credit”的同义查询结果

序号	同义词	直接上位词
1	recognition，credit	approval，commendation
2	credit	assets
3	credit，credit entry	entry，accounting entry，ledger entry

续表

序号	同义词	直接上位词
4	credit	accomplishment，achievement
5	credit，deferred payment	payment
6	credit，course credit	attainment
7	citation，cite，acknowledgment，credit，reference，mention，quotation	note，annotation，notation
8	credit	title

本书的主要思路为：通过对目标标签增强语义，在通过 WordNet 确定其为多义标签的前提下，以 WordNet 中的上下位关系词、整体部分关系词为支撑，为目标标签的每个义项强化语义。在此基础上，借助待推荐资源较为明确的语义信息，通过基于向量的相似度计算，来判断在进行该资源推荐时目标标签的合适含义（图 8.1）。

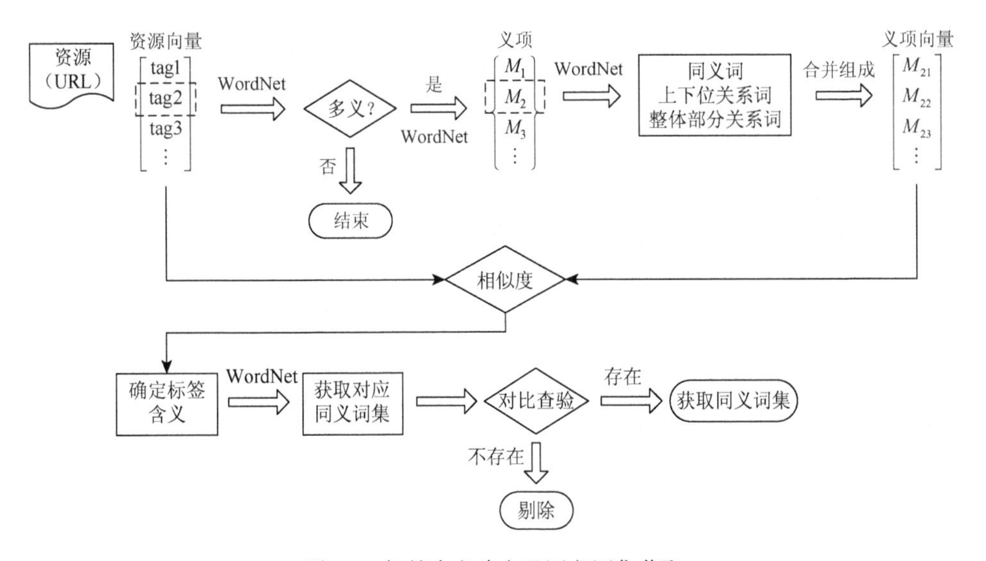

图 8.1　标签含义确定及同义词集获取

具体地，将标签的含义识别处理逻辑表述如下。

（1）建立资源模型，形成待推荐资源库。

（2）对每一个待推荐的资源，通过 WordNet，逐一判断其主流标签是否为多义词；是，到步骤（3）；否，判断下一个标签，直至结束。

（3）通过 WordNet 查询到其各义项，以及各义项对应的同义词、上下位词、整体部分词，设置权值系数，确定各词权值，建立与义项数量相对应数量的向量。

（4）计算当前处理资源模型与各向量间的相似度。

（5）将相似度最高的向量所对应的义项确定为标签含义。

8.2.2 获取标签同义词集

明确标签在目标资源的特定含义后，就可以通过 WordNet 查询其是否存在同义词，并建立数据库，将其同义词加以保存。在具体保存操作前，先将这些待保存的同义词与标注系统中的已有标签进行比对，在确保标注系统中存在相同标签的情况下，对查询到的同义词加以保存处理。如某一同义词并不在标注系统中存在，则将其删除。如此，可以保证增加的同义词的有效性，避免将无谓的词汇加入模型或算法之中。

同时，每个资源中的某个标签在同义优化的处理过程中，都需要经历多义判断、义项确定、同义标签获取等过程，由于同义多义标签的普遍性，计算量较大。同时，尽管标签有可能在不同的资源中具有不同含义，但在相同主题的资源中，同一标签的含义通常是相同的。例如，“apple”出现在科技类、互联网、软件等主题相关的资源中时，往往指的是苹果公司。鉴于此，假设同一主题资源中，不同用户在使用同一标签时，若该标签具有多个义项，在该主题下，用户所指的义项总是相同的。基于该假设，可为同义标签建立同义标签集。通过统一的一次性处理，可完成标注系统内所有资源的同义标签处理工作，在之后具体的推荐过程中，可通过调用该数据得到同义标签集。

在此基础上，建立表 8.6，通过资源类、目标标签集 ID 与同义标签集，实现对同义标签集的有效组织与重复使用。在表 8.6 中，资源类表示的是某个资源属于哪个类别，其前提是对整个标注系统中的资源进行聚类分析，将资源进行类的划分；目标标签集 ID 则是指某个已构建的同义标签集的序号，编号以方便后续的调用。每个序号对应一个目标标签，指的是该目标标签在该资源类下对应的同义标签集；同义标签集是最为核心的内容，是将标注系统内哪些标签属于同义标签做了梳理，并将其置于某个主题类下。此外，同一标签有可能出现在若干个同义标签集中，如表 8.6 中的 a_1，其往往为多义标签，表示在不同类中使用了不同义项。在调用时，仅需要确定某个资源属于哪个资源类，再对比同义标签集，即可获得同义标签的补充。

表 8.6　同义标签集

资源类	目标标签 ID	同义标签集
L_1	S_1（a_1）	$\boldsymbol{a_1}$, a_2, a_3, a_4, …
	S_2（b_1）	b_1, b_2, b_3, b_4, …

续表

资源类	目标标签 ID	同义标签集
L_2	S_3（a_1）	$\boldsymbol{a}_1, c_2, c_3, c_4, \cdots$
	S_4（d_1）	$d_1, d_2, d_3, d_4, \cdots$
⋮	⋮	⋮

至此，在表 8.6 的基础上，提出同义标签矩阵，实现对同义标签更为结构化的管理。结合资源类与标签两个维度，可确定标签是否具备同义标签集、该同义标签集中内含的同义标签等信息。整个同义标签矩阵构建的思路可表示如下。

（1）对标注系统内的每一资源构建资源模型，通过聚类分析对其实现资源类的划分；

（2）建立资源与类的映射数据库，对每一资源中的标签，逐一进行含义识别；

（3）对已识别标签，获取其同义词，并与标注系统的已有标签核对，剔除无重合的同义词；

（4）构建同义标签集（表 8.6），形成“资源类-目标标签-同义标签集”的完整映射；

（5）将同义标签集转化为同义标签矩阵（表 8.7）。

表 8.7　同义标签矩阵

标签	资源类				
	L_1	L_2	L_3	…	L_n
T_1	S_1		S_3		
T_2					
T_3		S_2			
⋮					
T_m					

8.3　资源模型的同义扩展

在构建了同义标签矩阵的基础上，如何使用同义标签信息以解决单个标签无法囊括其他相同标签标注资源的问题，是基于同义标签优化算法最为关键的问题。考虑到本书的总体框架是由基于向量形式的用户模型与资源模型构成，若将同义标签补充到用户模型中，既缺乏有效的途径，也没有明确的意义，因为用户可能会使用同一个标签用于不同类的资源以表达不同的含义。而资源模型中，一方面，语境信息强，外来的干扰弱；另一方面，资源模型中的标签含义明确，同义词的补充有利于为用户匹配到意义相近但用不同词表示的偏好资源。

8.3.1　选择资源模型

由于用户模型中语境信息的弱化，同时考虑到在确定某个目标标签的义项时，是从资源模型的角度进行切入，且考量的是资源模型与义项向量间的相似度，即目标标签义项的确定是基于资源视角的，也就意味着所建立的同义标签矩阵仅对资源模型具有意义，因此，选择资源模型作为同义标签矩阵的作用对象。

与此同时，资源模型的语义较为明确，单个资源的主题一致，主流标签间的相互语义支撑紧密。因此，将同义标签添加到资源模型，尽管会在一定程度上影响原有模型的简约性，但也可以明确地提升资源模型中同义标签在含义表达上的完备性，从而提升在相似度计算时，帮助用户匹配到其自身并未表达该标签，但却是较为对应的资源。

值得强调的是，在解决同义的过程中，语义信息是相当重要的。以图 8.2 为例，一个标签，既有可能是一个多义标签，具有多个不同含义，每个含义对应多个不同的同义词；也有可能具有多个同义词，部分同义词还具有多个含义。同义与多义相互交叉，甚至形成一种网状的结果，从而导致问题异常复杂。而在资源模型进行吸收的框架下，图 8.2（a）中的情况是处理的主要对象，已在 8.1 节中有具体的描述；对图 8.2（b）中的情况，考虑到过分复杂，且有可能在信息获取上得不偿失，本书在算法中没有对同义词进行多义判别处理，但在内在处理的逻辑上，将同义词补充到资源模型，依赖资源模型的强语义，可以在较大程度上保证所添加的同义词不被误解，因而可以内在地解决这个问题。

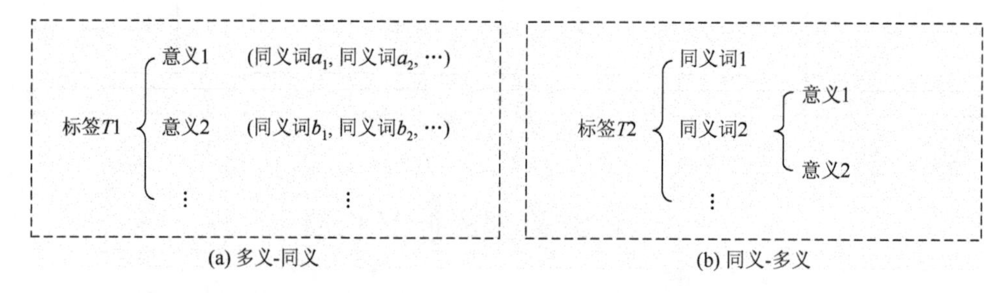

图 8.2　标签同义与多义并存的两种情况

8.3.2　同义标签集的吸收

资源模型是由向量表示的，因此，将同义标签矩阵中的同义标签集进行补充时，也需要转化为向量的形式，其中，对同义标签的权值设置，以及对同义标签的数量控制是在构建相关向量时所需要进行细致设计的。

在特定资源模型中，纳入模型的主流标签之间存在同义词的可能性，即有两个或两个以上的同义词标签进入了资源模型。尽管这样的情况出现的比例较低，但一旦出现，在具体处理中，需要进行排除，以免使得模型过度补充。在权值的赋予上，本书提出基础权值与系数权值两个概念，总的权值是基础权值与系数权值的乘积。基础权值是指在给同义词赋值时，所给予的一个基准权值。该基准的确定可以遵循两个策略：一是在绝大多数情况下，组成目标资源模型的主流标签中不存在同义标签，即每个标签都不互为同义词，则将基准权值设置为与目标标签权值相同；二是在资源模型的主流标签存在同义词的情况下，将基准权值设置为互为同义词的标签中权值最大者所具有的权值，以实现同义标签在原有模型中应有的重要性。

系数权值是指在基准的基础上，给出一定的比例系数，对权值进行调整。主要的目的是探索何种权值具有更好的实验效果。事实上，如果将同义标签权值设置为基准权值，在比较大的程度上会高比例地强化目标标签在原有模型中的特征系数，导致模型产生一定比例的偏差。因此，尽管同义词环（synonym rings）等方法中对同义词是按相同权重进行赋值的，但最近的研究更多是对多元化赋值的分析，如 Voorhees 将同义词的权重系数设为 0.1、0.3、0.5、1、2 五档[227]，以试验效果最好的权值大小。本书也采用系数权值的方法，将系数设置为 0.8、0.6、0.4 三档。

图 8.3 描述的是将同义标签集吸纳到资源模型的过程，包括资源判断、同义标签提取、重合标签甄别、权值设置、向量相加等过程。

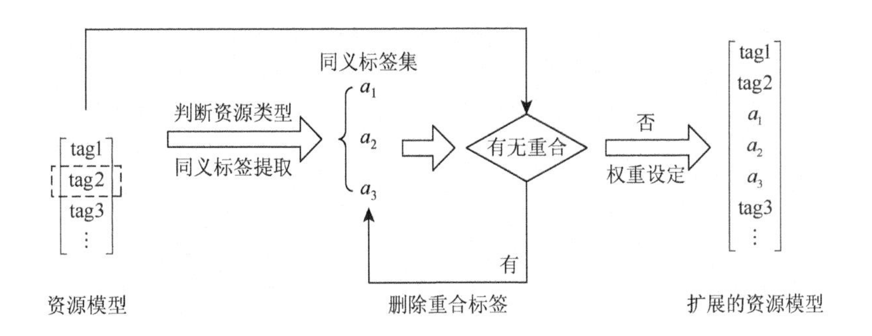

图 8.3　同义优化的资源模型

具体的处理逻辑如下。

（1）选择一个待推荐资源，基于聚类数据，判断其资源类别。

（2）基于同义标签矩阵（表 8.7），判断资源模型中的标签是否互为同义标签的主流标签。有，则对非第一个标签不做处理；无，则获取资源模型中同义标签的目标标签 ID，并根据同义标签集（表 8.6）查询得到同义标签集合。

（3）将得到的同义标签集合与当前资源模型主流标签进行对比，查验是否存在重合。有，则删除同义标签集合中的重合标签；无，转到步骤（4）。

（4）为同义标签集合中每个标签设置基准权值，其值等同于目标同义标签权值。在此基础上，设置系数权值，形成待添加的同义标签集向量。

（5）将同义标签集向量分别与目标资源模型相加，得到扩展资源模型。

从构建的原理上，基于扩展的资源模型丰富了同义标签的表示与信息量，在用户使用某一个同义标签的情况下，可以将其他与该标签意义相近的资源加以关联与推荐。从某种程度上，基于扩展的资源模型可以从标签的表达形式上进行突破，帮助用户在更大范围内匹配到相似度最高的资源。

8.4　基于同义扩展的推荐算法优化

基于用户扩展的优化推荐算法包括多义标签确定、义项判断、同义标签集及同义标签矩阵构建、权值给予、同义标签吸收等主要组成部分。

在算法 8.1 中，在处理同义标签的同时，也需要考虑多义标签的问题，并且该同义多义的处理逻辑对每一资源中的每一标签都需执行，计算量相对较大。在具体实验的过程中，受个人计算机计算能力的限制，部分计算在有限的时间内难以实现，尤其是算法 8.1 中步骤 2 等全局性计算的执行，导致算法效率大大降低。为此，在本书的实证分析中，将全局资源聚类加以去除，即回避采用构建同义标签矩阵的方式来进行实验，该修改仅调整算法实现方式，不影响算法在计算性能外的效果。具体修改的算法见算法 8.2。

算法 8.1　基于 WordNet 的同义标签扩展的推荐算法

1：分别构建用户与资源模型 u 、 r

2：应用 CPM 对全局资源加以聚类，得到 m 个资源类别 Class$R$

3：对每一资源 r_i

4：对资源 r_i 中的每一标签 t_j

5：应用 WordNet 判定其是否为多义词
是：得到多个义项 M；否：取其同义词，构建同义词集 Syn$W$，进而转化为同义矩阵，转到第 10 步

6：对每一义项 M

7：从 WordNet 得到其上下位词和整体部分词，均一化赋值，加总得到义项向量 VM

8：计算 r_i 与 VM 的余弦相似度 simRVM

9：选择相似度最高的 VM 所对应的 M 为标签含义，并得到其同义词集 Syn$W$

10：对 Syn$W$ 中的每一词

11：查验其是否在标签系统中存在
是：到步骤 12；否：从 Syn$W$ 中删除，检查下一词

12：汇总每个标签的 Syn$W$，得到同义标签集 Syn$T$

13：判断 r_i 的资源类别 Class$R$，将 Syn$T$ 写入同义标签集表 FormSyn$T$（表 8.6），并将其转化为同义标签矩阵（表 8.7）

14：对于每一个资源 r_i，判断其类别

15：对于 r_i 中的每一 t_j

16：查看 t_j 是否存在于同义标签矩阵对应项中
有：直接提取 Syn$T$；无：转到步骤 19

17：比较 Syn$T$ 与资源模型中的标签是否存在重合
有：删除 Syn$T$ 的重合标签；否：转到步骤 18

18：将 Syn$T$ 写入 r_i 中，权重为目标标签 t_j 的 $1/p$，得到 r_e

19：计算 u 和 r_e 的余弦值 $\text{sim}(u, r_e)$//无扩展则计算 $\text{sim}(u, r)$

20：依据相似度，推荐 n 个资源

算法 8.2 基于 WordNet 的同义标签扩展简化算法

1：分别构建用户与资源模型：u、r

2：对每一资源 r_i

3：对资源 r_i 中的每一标签 t_j

4：应用 WordNet 查验是否为多义标签
是：获得各个义项 M；否：得到其同义词集 Syn$W$，转到第 9 步

5：对每一义项 M

6：从 WordNet 获取其上下位词、整体部分词，均一化赋值，转化为义项向量 VM

7：计算 r_i 与各个 VM 的余弦值 simRVM

8：选择 simRVM 最高的 VM 所对应的 M，获取其同义词集 Syn$W$

9：对 Syn$W$ 中的每一词

10：查验其是否在标签系统中存在
是：到步骤 11；否：从 Syn$W$ 中删除，检查下一词

11：汇总每个标签的 Syn$W$，得到待扩展标签集 DKT

12：将 DKT 设置权值，权重为目标标签 t_j 的 $1/p$，转化为向量形式后与 r_i 相加，得到新的资源模型 r_e

13：计算 u 和 r_e 的余弦值 $\mathrm{sim}(u, r_e)$//无扩展则计算 $\mathrm{sim}(u, r)$

14：依据余弦值，推荐 n 个资源

需要强调的是：算法 8.2 是在计算机性能有限情况下的一种折中方案。在具体算法的实践中，也可以探索更为有效的聚类方法，可以对较大数据量的资源向量进行快速有效的聚类，便可以在可期待的时间内构建起同义标签矩阵，提升算法整体运行的效率，减少后续为每一用户推荐资源时的计算量。

第 9 章　实验结果与分析

9.1　算 法 实 现

数据来源：实验采用 hetrec2011-delicious-2k 数据集，包含 1867 个用户，69226 个资源，53388 个标签及用户间好友关系，该数据集是在第 5 届 ACM 推荐系统大会上公布的数据集。Delicious 是知名的网络书签类站点，帮助用户共享其喜欢网站的链接。

9.1.1　用户模型实现

依据算法 5.1 与算法 3.1，取 $m = 10$，即以权值最大的 10 个标签作为代表，可得到基于主流标签的基础资源模型与用户模型。表 9.1 显示的是资源[Welcome to Eclim-eclim（eclipse + vim），http: //eclim.org/]（资源编号为 14456）与编号为“101198”的用户的基础模型，其中所列标签是权值最大的 10 个标签。

表 9.1　基础模型示例

资源模型		用户模型	
标签	权值	标签	权值
eclipse	0.29	pathfinder	0.12
vim	0.28	mutualfunds	0.12
ide	0.12	graphic_novels	0.12
editor	0.08	google_earth	0.11
java	0.08	sculpt	0.09
programming	0.05	heritage	0.09
opensource	0.03	km	0.09
development	0.03	qr	0.09
tools	0.02	pathfinders	0.09
software	0.02	developmnet	0.08

同样地，依据算法 4.1，应用 CPM 对资源进行聚类分析，可以得到关于用户

的多兴趣模型。表 9.2 仍旧以编号为“101198”的用户为例，得到其三个用户子兴趣。多兴趣模型包括更多的用户偏好信息。

表 9.2　用户多兴趣模型示例

子兴趣 1		子兴趣 2		子兴趣 3	
标签	权值	标签	权值	标签	权值
mutualfunds	0.33	mutualfunds	0.12	horrocks	0.17
viapackratius	0.13	graphic_novels	0.12	buzzmonitoring	0.16
paintbrushjs	0.09	google_earth	0.11	phenomenography	0.14
mtag	0.07	sculpt	0.10	dream	0.12
differentiated_instruction	0.07	heritage	0.10	rules	0.08
holidayshalloween	0.07	km	0.09	accessibility	0.08
geomium	0.07	qr	0.09	options	0.07
jpg	0.06	robin_hood	0.09	nec	0.06
geek	0.05	developmnet	0.09	causa	0.06
halloween	0.05	horrocks	0.09	resonance	0.06

依据算法 7.1 与算法 7.2，可以得到基于标签消歧的用户模型。表 9.3 同样是以用户“101198”为例，可以看到模型的标签与权值的相应变化。

表 9.3　基于标签消歧的用户模型示例

基于共现		基于 WordNet	
标签	权值	标签	权值
pathfinder	0.12	pathfinder	0.12
graphic_novels	0.11	graphic_novels	0.11
mutualfunds	0.11	mutualfunds	0.11
angels	0.10	data	0.10
religion	0.10	library	0.10
simulation	0.10	classification	0.10
data	0.10	sculpt	0.09
travel	0.09	heritage	0.09
googlemaps	0.09	developmnet	0.08
google_earth	0.09	robin_hood	0.08

依据算法 8.2，可以得到基于同义扩展的资源模型，示例（表 9.4）是资源 Welcome to Eclim-eclim（eclipse + vim）（http: //eclim.org/，资源编号为 14456）。

表 9.4　基于同义扩展的资源模型示例

标签	energy	eclipse	vim	coffee	ide	programing	editor	java	developing	programming
权值	0.31	0.16	0.16	0.09	0.07	0.06	0.05	0.04	0.03	0.03

9.1.2　整体算法实现

在用户模型与资源模型的基础上，通过计算两者之间的相似度，得到待推荐给用户的资源列表，取前 10 个作为最终的推荐结果。以用户“101198”为示例，表 9.5 展示了用户获得的推荐资源序号，斜体数字表示三种算法所推荐的不同资源，不同资源主要集中在后 4 个资源上。在前 3 个资源的推荐上，四个算法模型的推荐结果一致。

表 9.5　用户“101198”的推荐资源

算法模型	Top1	Top2	Top3	Top4	Top5	Top6	Top7	Top8	Top9	Top10
基础模型	23333	23334	35121	*39463*	*53509*	*14638*	*36938*	*54726*	*80132*	*53525*
算法 7.1	23333	23334	35121	35122	39463	53509	*103935*	*20630*	*23338*	*107204*
算法 7.2	23333	23334	35121	35122	39463	53509	*11679*	*11776*	*13080*	*14661*
算法 8.2	23333	23334	35121	35122	39463	*6258*	*17134*	*50998*	*56414*	*59873*

考虑到表示方便，表 9.5 中所推荐的资源用序号表示，其真实对应的资源描述及相应的 URL 信息如表 9.6 所示。

表 9.6　对应资源信息一览表

序号	资源标题及 URL
23333	Home-Corbett：Roman Empire and Julius Caesar-LibGuides at Creekview High School http: //theunquietlibrary.libguides.com/corbett-romanempire
23334	Touring an Unquiet Library Research Pathfinder « The Unquiet Librarian http: //theunquietlibrarian.wordpress.com/2010/11/04/touring-an-unquiet-library-research-pathfinder
35121	pathfinderswap-home http: //pathfinderswap.wikispaces.com/
35122	springfieldpathfinders-home http: //springfieldpathfinders.wikispaces.com/
39463	primarysources-home http: //primarysources.wikispaces.com/
53509	Touring an Unquiet Library Research Pathfinder « The Unquiet Librarian http: //theunquietlibrarian.wordpress.com/2010/11/04/touring-an-unquiet-library-research-pathfinder/

续表

序号	资源标题及 URL
103935	springfieldebooks » home http: //springfieldebooks.wikispaces.com/
20630	comiclife.com http: //comiclife.com/
23338	Graphic Novels http: //www.education.wisc.edu/ccbc/books/graphicnovels.asp
107204	Babymouse! http: //www.randomhouse.com/kids/babymouse/homepage.htm
11679	ABRACADABRA http: //abralite.concordia.ca/
11776	AFCEA International http: //www.afcea.org/
13080	International Energy Agency http: //www.iea.org/
14661	ICOGRADA | Leading Creatively http: //www.icograda.org/
14638	Banshee http: //banshee.fm/
36938	Learned Helplessness | Practical Interactivity http: //practicalinteractivity.edublogs.org/2010/09/07/learned-helplessness/
54726	n + 1：N1FR Issue 1 http: //nplusonemag.com/n1fr-issue-1
80132	Kiwi Library http: //www.kiwi-lib.info/
53525	5 Stylish iPhone Alarm Clock Apps to Wake You Up On Time http: //mashable.com/2010/10/31/iphone-alarm-clock-apps/
6258	The Foundry http: //blog.heritage.org/
17134	Museum 3.0-what will the museum of the future be like? http: //museum3.org/
50998	Digital Heritage | Home http: //virtualindia.msresearch.in/DH/index.html
56414	5 Tips for Knowledge Gardeners：How to Grow a Collaborative Learning Community by Josh Little：Learning Solutions Magazine http: //www.learningsolutionsmag.com/articles/443/
59873	storytelling in business-storytelling in organizations http: //www.creatingthe21stcentury.org/Intro0-table.html

9.2 算法评价

9.2.1 评价方法的选择

在实验的评价方法上，传统针对社会化标注的算法评价方法主要分为两类：

一是采用检全率与检准率指标，但在基于标签的推荐上，由于缺少公认的具有较好针对性的测试集，如何定义“全”和“准”成为一个存在争论的问题；二是采用主观人工评判的方法，如采用 GP 量度方法，其存在的问题主要是主观性大，且样本数在规模上受限制较多。因此，本书提出一种新的评价方法来衡量推荐的质量，具体思路如下。

（1）对于某一个特定用户 u，给出其基础用户模型与优化后的模型，包括 10 个权重最大的标签及其权值。

（2）提出用资源推荐质量值的概念。为用户 u 推荐 10 个资源，比较该用户模型与第 1 个推荐资源模型中相同标签的数量，对每一个相同标签对，取两者中较小权重值。在此基础上，将对应于第 1 个推荐资源的这些权值相加，得到资源推荐质量值，具体计算如下：

$$S_i^n = \sum \min(w_1, w_2) \tag{9.1}$$

其中，w_1 与 w_2 表示用户模型与资源模型中相同标签对所对应的两个权值；n 表示所推荐的第 n 个资源；i 表示第 i 个用户。

（3）对第 2～10 个资源执行上述同样的操作，得到相应的资源推荐质量值。最后结果如表 9.7 所示。

表 9.7　两个模型下的资源推荐质量值

模型	Top1 资源	Top2 资源	Top3 资源	…	Top10 资源
基础模型	S_i^1	S_i^2	S_i^3	…	S_i^{10}
优化模型	S_j^1	S_j^2	S_j^3	…	S_j^{10}

值得说明的是，在表 9.7 中，对于两个不同模型，其 Top$n$ 资源有可能不相同。即对基础模型而言，r_1 是 Top1 资源，但对优化模型 r_2 才是 Top1 资源。本书提出的检验方法是试图回答：对同一用户而言，究竟是 r_1 作为 Top1 资源的质量好，还是 r_2 作为 Top1 资源的质量好。通过整体质量值的得分，来评定推荐结果的优劣。

9.2.2　多义优化算法的评价

在算法的评价中，本书开展了六组实验，按照用户（U）和资源（R）的数量来进行组合，分别为：1800U-1000R、1000U-1000R、500U-1000R、500U-500R、1000U-500R、1800U-500R，通过对六组评价数据的得分来对基于标签共现及基于 WordNet 的标签消歧推荐算法进行较为深入的评价。

1. 基于标签共现的多义优化算法评价

对六组数据进行质量值的分析发现，基于标签共现的优化推荐算法质量值呈现出类别化的趋势，从图 9.1 中可以发现，1800U-1000R、1000U-1000R、500U-1000R 三个组别（第一类）的质量值较为相似，500U-500R、1000U-500R、1800U-500R 三个组别（第二类）的质量值也非常接近。两个类别内部用户数从 500 增加到 1800，质量值并无明显提升，第一类平均质量值分别为 0.186、0.186、0.188，用户数的增加与质量值呈弱反相关；第二类分别为 0.14、0.141、0.143，用户数的增加与质量值呈弱正相关。但与此同时，也可以发现，资源数量的增加明显地提升了推荐算法的质量值得分，资源数从 500 增加到 1000，平均质量值从 0.141（第二类）上升到了 0.186（第一类），总体提升了 31.9%。

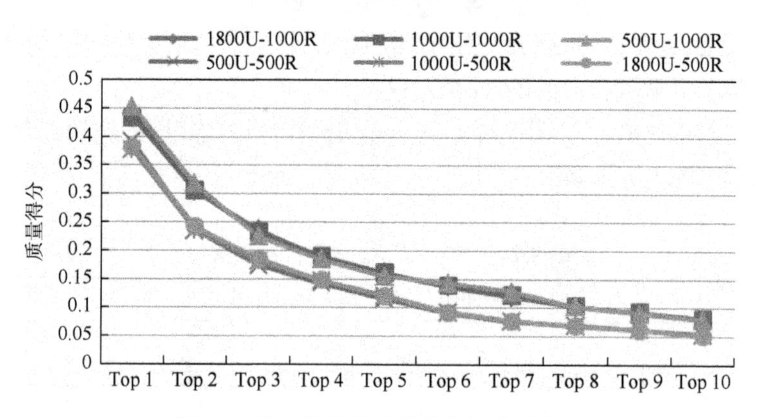

图 9.1 基于标签共现的优化算法质量值

相对应地，基准推荐算法的质量值得分（图 9.2），尽管没有表现出非常明显的类别化，甚至在 Top6 到 Top10 的质量值得分上趋于相同，但从总体上看，资源数量的增加也明显地提升了质量值得分，其平均质量值从 0.128（第二类）上升到 0.157（第一类），提升了 22.7%。从实验的数据而言，基于标签共现的推荐算法对资源数更为敏感。

表 9.8 给出了基于标签共现的多义优化算法评价质量值，加黑字体的数值表示基于标签共现推荐算法的质量值。作为对照，斜体数值表示基准推荐算法的质量值。总体上，基于标签共现的推荐算法平均质量值得分为 0.164，高于基准算法的 0.142，质量值提升了 15.5%。但基准推荐算法在 Top1 资源的推荐上，质量值在本书的六组实验中，均要明显高于基于标签共现的推荐算法。

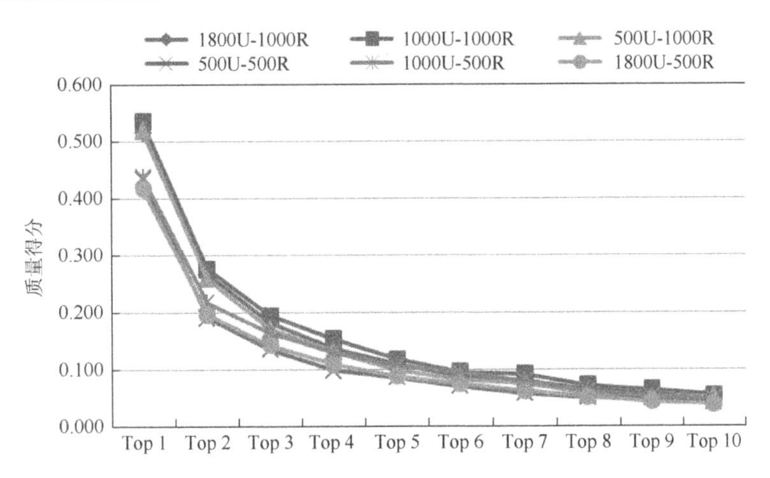

图 9.2 基准推荐算法质量值

表 9.8 基于标签共现的多义优化算法评价质量值

	1800U-1000R		1000U-1000R		500U-1000R		500U-500R		1000U-500R		1800U-500R	
Top 1	**0.441**	*0.516*	**0.435**	*0.535*	**0.454**	*0.519*	**0.391**	*0.434*	**0.377**	*0.438*	**0.383**	*0.417*
Top 2	**0.304**	*0.268*	**0.305**	*0.276*	**0.316**	*0.259*	**0.235**	*0.191*	**0.235**	*0.217*	**0.242**	*0.196*
Top 3	**0.236**	*0.182*	**0.232**	*0.195*	**0.225**	*0.171*	**0.173**	*0.136*	**0.180**	*0.165*	**0.185**	*0.143*
Top 4	**0.188**	*0.138*	**0.190**	*0.154*	**0.184**	*0.132*	**0.143**	*0.099*	**0.147**	*0.130*	**0.148**	*0.109*
Top 5	**0.161**	*0.109*	**0.161**	*0.118*	**0.155**	*0.098*	**0.114**	*0.086*	**0.120**	*0.106*	**0.120**	*0.088*
Top 6	**0.137**	*0.088*	**0.139**	*0.096*	**0.144**	*0.083*	**0.091**	*0.071*	**0.091**	*0.095*	**0.092**	*0.075*
Top 7	**0.118**	*0.082*	**0.122**	*0.092*	**0.128**	*0.076*	**0.075**	*0.058*	**0.076**	*0.079*	**0.076**	*0.062*
Top 8	**0.101**	*0.065*	**0.102**	*0.072*	**0.102**	*0.057*	**0.068**	*0.050*	**0.068**	*0.061*	**0.068**	*0.051*
Top 9	**0.091**	*0.058*	**0.092**	*0.065*	**0.089**	*0.052*	**0.061**	*0.049*	**0.062**	*0.052*	**0.061**	*0.043*
Top 10	**0.081**	*0.049*	**0.081**	*0.055*	**0.079**	*0.052*	**0.053**	*0.042*	**0.052**	*0.048*	**0.051**	*0.038*

考虑到资源数量的增加对推荐算法质量值的正向提升作用，为了更合理地评价推荐算法的效果，选择 1000 个资源的三组数据作为最终的评价数据，即只选择 1800U-1000R、1000U-1000R、500U-1000R 三个组别。

通过将三组数据相应数据的加总，得到两个算法的推荐质量值的比较数据。从图 9.3 中可以发现，除 Top1 资源外，基于标签共现的推荐算法总体表现要优于基准算法，平均质量值达到 0.186，而基准算法仅为 0.157，质量值改善了 18.5%。

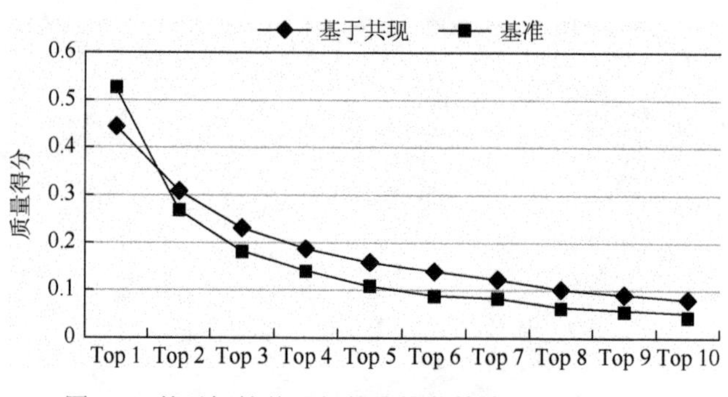

图 9.3　基于标签共现与基准推荐算法的质量值比较

2. 基于 WordNet 的多义优化算法评价

同样地，对六组数据进行质量值的分析发现，基于 WordNet 的优化推荐算法质量值也出现类别化的趋势，从图 9.4 中可以发现，1800U-1000R、1000U-1000R、500U-1000R 三个组别（第一类）的质量值较为相似，平均质量值分别为 0.206、0.206、0.204。同时，500U-500R、1000U-500R、1800U-500R 三个组别（第二类）的质量值也非常接近，平均质量值分别为 0.156、0.155、0.159。这在一定程度上表明用户数量的变化对平均质量值的影响较小，对于本书实验的数量而言，基本可以忽略不计。但与此同时，资源数量的变化会对平均质量值产生较为明显的影响。当资源数从 500 增加到 1000 时，Top1 到 Top10 的质量值均出现显著上升，平均质量值从 0.157（第二类）攀升至 0.205（第一类），增幅达 30.6%。

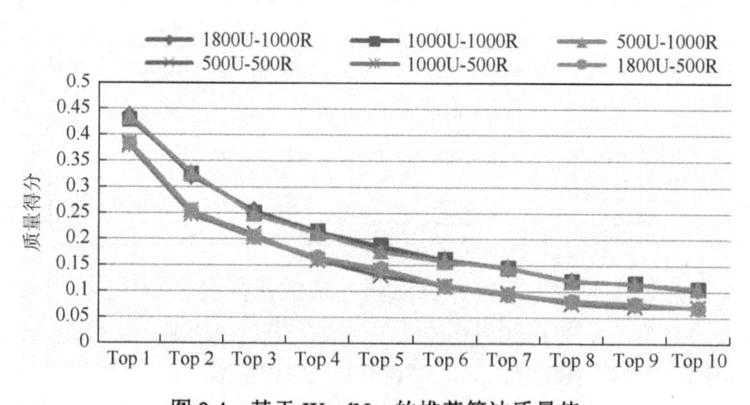

图 9.4　基于 WordNet 的推荐算法质量值

与此同时，基准推荐算法质量值在六组数据的表现上（图 9.5），尽管没有如同基于 WordNet 推荐算法呈现出的明显差异性，尤其在最后 5 个推荐结果的质量值上较为类似，但整体上也表现出一定程度的分化趋势。第一类实验数据的平均质量值 0.159 也明显高于第二类的平均得分 0.126，整体增幅为 26.2%，在前两个推荐结果的质量值上其优势更为明显。相比而言，基于 WordNet 的推荐算法在质量值上所表现的资源弹性更大。

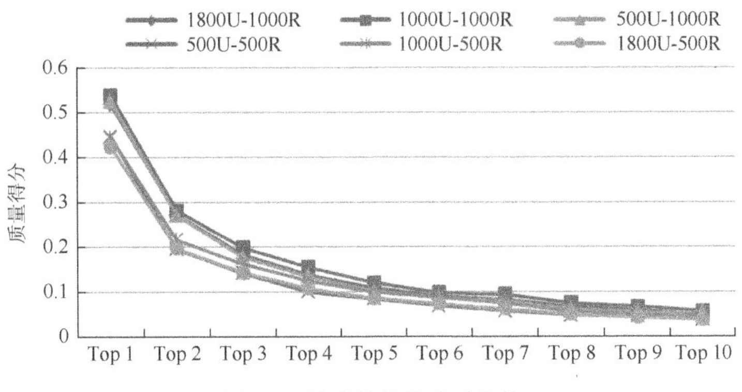

图 9.5　基准推荐算法质量值

表 9.9 给出了基于 WordNet 的多义优化推荐算法的评价质量值，黑体字表示基于 WordNet 推荐算法的质量值，斜体数值表示基准推荐算法的质量值。综合六组实验的数据，基于 WordNet 推荐算法平均质量值得分（0.181）高于基准算法（0.143），质量值提升了 26.6%。但基准推荐算法在 Top1 资源的推荐上，质量值在本书的六组实验中，均要明显高于基于 WordNet 的推荐算法。

表 9.9　基于 WordNet 的多义优化算法评价质量值

	1800U-1000R		1000U-1000R		500U-1000R		500U-500R		1000U-500R		1800U-500R	
Top 1	**0.438**	*0.516*	**0.429**	*0.537*	**0.435**	*0.522*	**0.385**	*0.445*	**0.379**	*0.444*	**0.385**	*0.422*
Top 2	**0.320**	*0.271*	**0.326**	*0.280*	**0.327**	*0.270*	**0.254**	*0.194*	**0.247**	*0.215*	**0.255**	*0.196*
Top 3	**0.256**	*0.182*	**0.251**	*0.198*	**0.249**	*0.176*	**0.210**	*0.141*	**0.203**	*0.161*	**0.205**	*0.142*
Top 4	**0.214**	*0.136*	**0.214**	*0.154*	**0.211**	*0.134*	**0.160**	*0.100*	**0.159**	*0.124*	**0.165**	*0.107*
Top 5	**0.184**	*0.108*	**0.188**	*0.119*	**0.177**	*0.100*	**0.130**	*0.084*	**0.140**	*0.099*	**0.143**	*0.085*
Top 6	**0.161**	*0.089*	**0.161**	*0.098*	**0.157**	*0.085*	**0.111**	*0.068*	**0.109**	*0.088*	**0.111**	*0.073*
Top 7	**0.144**	*0.082*	**0.145**	*0.093*	**0.147**	*0.078*	**0.097**	*0.057*	**0.094**	*0.074*	**0.095**	*0.061*
Top 8	**0.121**	*0.066*	**0.120**	*0.074*	**0.120**	*0.060*	**0.077**	*0.047*	**0.079**	*0.056*	**0.082**	*0.050*
Top 9	**0.115**	*0.059*	**0.116**	*0.066*	**0.114**	*0.054*	**0.071**	*0.044*	**0.072**	*0.048*	**0.077**	*0.042*
Top 10	**0.103**	*0.050*	**0.106**	*0.056*	**0.106**	*0.053*	**0.070**	*0.038*	**0.069**	*0.044*	**0.069**	*0.038*

同样地，考虑到资源数量的增加对推荐算法质量值的改善作用，为了更合理

地评价推荐算法的效果，选择第二类实验的三组数据作为最终的评价数据，即只选择 1800U-1000 R、1000U-1000R、500U-1000R 三个组别。

通过将三组实验数据进行加总并去平均值，得到图 9.6 所示的质量值分布曲线。从图 9.6 中可以发现，基准算法在 Top1 推荐资源的质量值较高，得分达到了 0.525，明显高于基于 WordNet 算法 0.434 的质量值。但在整体上，基于 WordNet 的推荐算法在 10 个推荐资源上表现出 0.205 的质量值，远远高于基准算法 0.159 的水平，提升了 28.9%。

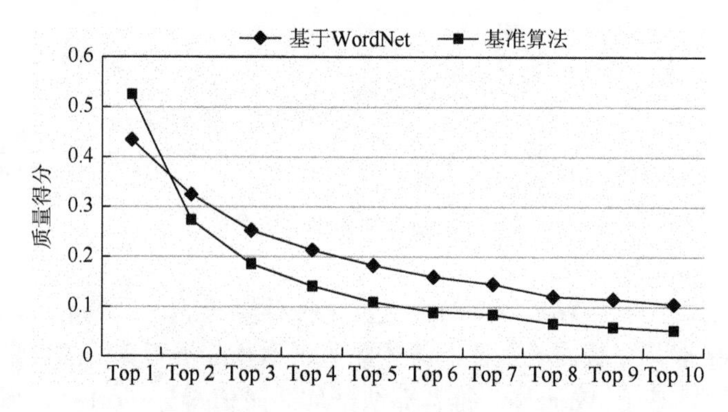

图 9.6 基于 WordNet 与基准推荐算法的质量值比较

表 9.10 对基于标签共现与 WordNet 两类推荐算法的质量值及改善效果进行了比较，可以发现，基于 WordNet 的推荐算法无论在平均质量值的绝对值上，还是与基准算法相比的提升水平上，均要高于基于标签共现的方法。按照第一类实验数据的分析结果，基于 WordNet 的推荐算法比基于标签共现的算法在平均质量值上提升了 0.019，升幅为 10.2%，说明基于 WordNet 的推荐算法具有更好的推荐质量。

表 9.10 基于标签共现与 WordNet 推荐算法的效果比较

算法	六组数据		第一类数据	
	平均质量值	与基准相比	平均质量值	与基准相比
基于标签共现	0.164	15.5%	0.186	18.5%
基于 WordNet	0.181	26.6%	0.205	28.9%

9.2.3 同义优化算法的评价

在同义优化算法的评价中，开展了四组实验，分别为：10U-100R、50U-500R、

100U-1000R、200U-2000R，通过对四组评价数据的得分来对同义优化的推荐算法进行评价。

对四组数据进行质量值的分析发现（图 9.7），基于同义标签优化推荐算法的质量值，总体随着用户数与资源数的增加，呈现出依次提升的趋势，平均质量值分别为 0.111、0.179、0.281、0.326，第四组实验表现出最高的平均质量值。进一步地，由图 9.7 可以发现，平均质量值的差异在前 6 个推荐结果上表现得更为明显，后 4 个推荐结果的差距相对较小。

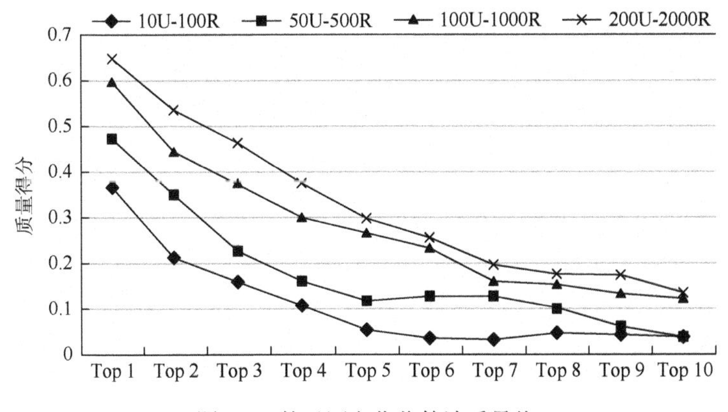

图 9.7　基于同义优化算法质量值

与基准推荐算法（图 9.8）比较，基于同义标签优化的推荐算法存在一定的优势，四组实验的平均质量值达到 0.224，比基准算法的 0.197 高 13.7%。由表 9.11 可以发现，随着用户数与资源数的上升，同义优化算法与基准算法间绝对差距总体呈现加大的趋势，但受基准值的影响，提升幅度逐步下降。

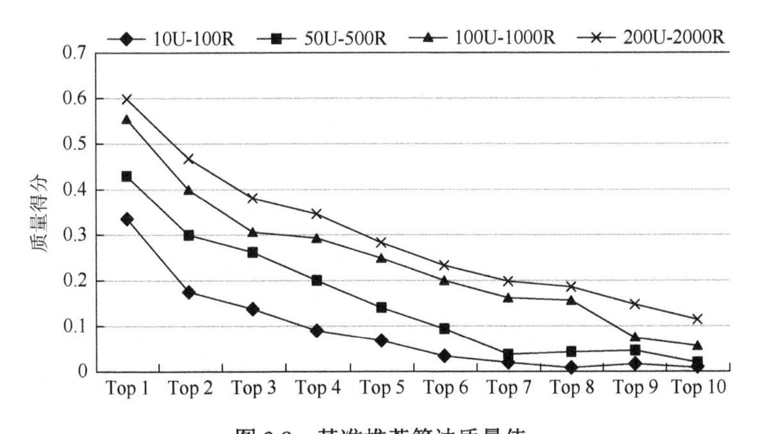

图 9.8　基准推荐算法质量值

表 9.11　同义优化与基准算法推荐质量值的比较

	10U-100R	50U-500 R	100U-1000R	200U-2000R
同义优化算法质量值	0.111	0.179	0.281	0.326
基准算法质量值	0.09	0.157	0.247	0.294
提升值	0.021	0.022	0.034	0.032
提升幅度	23.3%	14.0%	13.8%	10.9%

第四篇 结 论 篇

本篇是对研究进行总结,社会化标注从2007年开始兴起到现在已有十余年。在这十余年，学术界对社会化标注的关注热度一直维持在较高的水平，也涌现出了一大批积极的研究成果，给信息推荐技术与资源分类带来了新的理论与视角。在此环境下，本书提出用户协同模型、多兴趣模型、标签消歧优化模型、同义扩展模型等4个模型，以对现有的基于社会化标注的推荐模型进行优化，并进行了相应的实验，相关算法也取得了较好的性能表现。

但与此同时，基于社会化标注的信息推荐研究还处于与传统推荐技术的融合发展期，尤其是社会化标注数据实质上是大数据、流数据，如何与日渐兴起的大数据处理技术、深度学习技术相结合，是未来基于社会化标注进行推荐研究所需重点关注的方向。

第10章　结论与展望

10.1　主 要 结 论

本书对基于社会化标注的个性化信息推荐进行了专门的探讨与分析，主要是构建了用户协同模型与用户多兴趣模型，并结合资源模型对这两个模型进行了相应的推荐。在此基础上，本书还对推荐算法中标签的同义和多义问题加以剖析，并提出了相关的解决思路。本书得到的主要结论如下。

（1）通过对 Delicious 数据的分析，发现用户在标签标注的过程中存在偏差的行为，不仅包括标注内容的偏差，更为严重的是标签在形式上的偏差。同时，在对多个资源所属的标签频率分布分析中发现，每个资源标注最高的为前 30 个标签，在 30 个标签之后标注次数变得较低且变化微小，形成了标签中的长尾。将前 30 个标签称为主流标签，这些主流标签不仅反映了主流用户的观点，还体现了资源的特征，可以作为克服标注偏差的一种手段。在此基础上，本书提出了利用资源中主流标签的理念来矫正标注偏差，通过吸纳资源中的主流标签作为用户建模的数据来源，最终构建了用户协同模型。

在结合资源模型的基础上，对基于用户协同模型的算法进行了相应推荐，发现：用户协同模型的推荐质量要略高于传统的基于用户自身标签的模型。究其原因，本书认为，一方面可能是用户协同模型减少了标注偏差所带来的不利影响，另一方面可能是主流标签代表的用户模型更具有普遍意义，统一了用户模型与资源模型的表达形式。

（2）对 Delicious 数据的分析，验证了用户在标注行为中的多兴趣性。用户往往会对多个领域的资源保持兴趣，并对其进行相应的收藏和标注。同时发现，用户在不同资源中标注的标签具有不同的特点，经常在相同资源中出现的标签很有可能涉及的是同一主题。对此，通过 CPM 对用户标注的标签进行聚类处理，得到了关于标签的类，这些类可以作为用户不同子兴趣主题的表示。与此相似，用户所标注的资源往往存在着一定的相似性，而相似度高的资源一般都是基于相同主题的。因此，通过将相似度高的资源加以聚集，也可以得到关于用户不同子兴趣的表示。在用户子兴趣识别的基础上，还发现包含于各个子兴趣中的标签和资源数是不同的，而且每个用户所具有的子兴趣数也是不同的。子兴趣中标签和资源数越多，表示用户越加关注该类资源，说明用户对该子兴趣的兴趣度越强。因此，本书提出了用户子兴趣度的概念并给出了其测度方式。在上述工作的基础上，本书构建了用户的多兴趣模型，并将其表示为多个子兴趣的集合。

子兴趣中的标签都是围绕同一主题展开的，因此，该模型具有更强的语境信息，并减少了将任意标签混合所带来的语义混乱及不可控语义的产生等问题。同时，单一的主题也有利于找到相似度更高的相应资源，从而改善模型推荐的质量。进一步地，在对基于多兴趣模型推荐算法的效果评价中发现：基于多兴趣模型的推荐算法其表现要明显好于传统模型和用户协同模型，用户对推荐结果的 GP 平均相关度分别达到了 0.64、0.63 和 0.59，远远高于用户协同模型的 0.52 和传统模型的 0.51。

（3）在构建用户模型的同时，应用主流标签的思想，构建了资源模型。进一步地，借鉴权威用户的思想，认为权威用户的标注应具有比普通用户更为重要的影响力和可信性，这种影响力和可信性也应该体现在标签的权重上，以更好地体现出模型的真实性。在此基础上，本书提出了直接匹配与通过相似用户匹配的两种策略，并结合修正的余弦相似性算法，给出用户协同模型与多兴趣模型下的推荐算法。

（4）由于多义标签给推荐算法带来的不利影响，本书提出了相应的改进算法。对于多义标签的改进，发现有两种可借鉴的思路。其一是 WordNet 中的上下位词及整体部分词，可以为多义标签提供相应的语境，进而可以帮助确定多义标签在目标用户模型中的具体含义。进一步地，可以将该含义所对应的上下位词、整体部分词及同义词吸收到用户模型中，增加多义标签的语境信息，达到消歧的目的。其二是通过 CPM 对标签进行的聚类中，部分类与类之间会存在重叠部分。这些重叠部分所包含的标签属于多个不同的类，而这些类往往具有不同的资源主题，因此，将这些标签定义为多义标签。同时，多义标签所属的不同标签类中的其他标签（邻居标签集）可以为该多义标签提供语境信息，进而为多义标签在目标用户模型中具体含义的确定提供了思路。通过计算多义标签所对应的若干邻居标签集与目标用户模型的相似度，具有最高相似度的邻居标签集可以为多义标签提供恰当的语境。最后，将该邻居标签集吸纳到用户模型中，增加模型中目标标签的语境信息，提高信息资源推荐的准确性。通过实证分析发现，基于多义标签优化的模型在返回标签的准确率上表现更优。

（5）对推荐算法进行同义扩展优化。本书通过 WordNet 首先判断了标签是否存在多义，然后提取标签的同义词。由于用户模型的复杂性，选择资源模型作为分析对象。在对目标资源的所有标签进行分析后，结合目标标签所在资源的类型，得到标签的同义标签集。在推荐时，如果资源模型中的某一标签出现在同义标签集中，则提取相应的同义词集添加到资源模型中。希望通过这种处理改善和提高推荐算法识别同义标签的能力。例如，某个资源模型中只出现了标签“computer” “design”，而用户模型中的标签为“PC”“design”，这两个模型实际描述的是同一内容，但在表面上只有标签“design”是相同的，因此其相关度就较小。但经过处理后，资源模型中的标签变为“computer”“PC”“design”，从而可以使两个模型间建立起应有程度的关联。在资源模型扩展的基础上，设计了基于同义扩展的推荐算法，并进行了实证分析。结果表明，经优化后的算法表现要明显优于未优化的算法，尤其是在所推荐的后几个结果的推荐质量上。

10.2 后续研究展望

应该说，围绕社会化标注所进行的研究还处于初始阶段，而利用社会化标注进行个性化信息推荐更是处在摸索之中。本书所做的工作也只是一种初步的尝试性的研究，还远没有达到成熟的水平。还有许多重要的工作亟待完善和推进，主要包括以下内容。

（1）完善算法推荐效果的评价。本书选择了典型用户进行模型构建与算法实现，并运用用户参与评分的方法实现了算法推荐效果的评价。但这种方法还存在一定的缺陷，主要是用户参与的方法会存在主观性的问题。因此，在今后的研究中可以尝试建立相应的算法测试集，确定一定数量的用户及其最感兴趣的资源列表，从而为推荐算法提供更为客观的评价。

（2）主流标签提取方法的改进。在资源的主流标签中，标签合成词出现的比例较高。如“webdesign”“design”“web”三个标签可能会同时出现在某一资源的主流标签中。“webdesign”与“design”“web”存在意义上的等价性，如果将三个标签同时吸收到资源或用户模型中，无疑是信息的重复。因此，如何用“design”“web”将“webdesign”加以替代，使得在主流标签总数不变的情况下，有更多的标签成为主流标签，在增加信息量的同时减少信息冗余，是一个需要解决的问题。

（3）探索更为完善的用户建模方法。用户的建模方法在推荐算法中具有十分重要的地位，往往决定了资源推荐质量的高低。本书提出了基于用户标注偏差和多兴趣的模型，并以此对推荐算法进行了改进。但应该看到，还可以进一步探索更为合理的用户建模方法，如建立基于权威用户标注的用户模型，使得不同用户的标注将会有不同的影响力和可信性，以更加符合现实世界的实际情况。本书只是简单地对该思路进行了描述，还有待于进一步的深入和具体化。

（4）对推荐算法中标签同义和多义问题处理的完善。本书主要是提出了针对标签同义与多义问题的处理方法，并进一步给出了改进的推荐算法。但还没有有效解决推荐算法的计算量与应用面的问题，导致现有的算法还只能停留在实验层面。同时，还可以从概念、标签间的层级结构、标签本体等方面对推荐算法进行改进，同时探索结合 Wikipedia、ConceptNet 等语义工具的改进思路。

（5）借鉴传统算法中的理念与技术。目前，如Delicious等提供社会化标注服务的网站允许用户对资源进行普通文本的注释，一般而言，这些注释是用户对资源更为具体和详细的描述，也可以探索相应的方法将这部分信息吸收到推荐模型中。结合文本分析，而不仅仅是利用标签进行信息的推荐[152]。从更为广泛和普遍的意义而言，基于社会化标注的推荐可以从传统的推荐方法中借鉴相关成熟的技术和方法。

例如，目前多数研究将用户模型通过向量空间模型来表示。但实际上，向量空间模型并不是表述模型的唯一方法，目前已有研究对在Web这样巨大且不可控的环境中向量空间模型的运行效率提出了质疑[94]。在今后的研究中，可以探索概率模型、神经网络模型、贝叶斯模型、遗传算法模型、模糊集合模型等方法在社会化标注推荐领域进行应用的可行性，特别是概率模型，实际上也已有文献进行了相关方面的研究[122]。同时，TF-IDF 也不是计算权重的不二选择，也可以尝试熵权重等其他方法。

（6）发掘标注中长尾的信息。有文献认为，标注中的长尾也具有重要的信息，而不应该简单地将长尾去掉[162]。标注中的长尾相当于用户兴趣中的利基部分，特别是对于被收藏次数较少的资源，其在用户兴趣中也有着不可替代的地位。因此，如何将长尾中信息加以吸收利用，也是今后研究可以关注的一个方向。

（7）动态性的研究。在本书的研究中，所有的模型都没有考虑时间的因素，而实际上标注系统中的用户、资源和标签总是处于不断的变化之中的，包括用户偏好的演化、用户数量的增减与权威程度的变化、信息资源的增减与流行、标签的增减与流行、主流标签的更替，这些都会给模型和推荐算法带来直接的影响。因此，将时间变量加入模型与推荐算法中，实现算法的动态更新与变化，尤其是与当前盛行的实时计算相结合，给出最能反映用户偏好变化的模型，是今后研究的重要方面。

（8）大数据技术的结合。基于社会化标注的推荐技术与传统推荐技术的一个关键区别在于数据的大量性，这个大量不仅表现在同一标注系统中，由大量用户标注或系统自动标注而生成的大量数据，也表现在不同的标签系统数据的整合，使得数据更为庞大。因此，如何在大数据的环境下，探索出新的技术方法与手段，充分挖掘出已有数据中的信息量，实现对用户偏好的有效建模，是今后工作的一个重要方向。

（9）针对中文环境的扩展。本书的研究主要针对的是英文，但在中文的环境中，鉴于中文的一些固有特点，本书的算法是否同样有效，以及相应推荐算法效果的衡量还需要进一步的验证和研究。

参 考 文 献

[1] DING Y，TOMA I，KANG S J，et al. Data Mediation and Interoperation in Social Web：Modeling，Crawling and Integrating Social Tagging Data. Workshop on Social Web Search and Mining at the 17th International Conference of World Wide Web，Beijing，2008.

[2] RAINIE L. 28% of online americans have used the internet to tag content. Pew internet and american life project. http: //bokardo.com/archives/pew-study-28-of-online-americans-have-used-the-internet-to-tag-content/[2008-10-01].

[3] ROSENFELD L. Folksonomies? How about metadata ecologies? http: //www.louisrosenfeld.com/home/bloug_archive/000330. html[2008-10-11].

[4] HAYMAN S. Folksonomies and Tagging：New Developments in Social Bookmarking. Ark Group Conference：Developing and Improving Classification Schemes，Sydney，2007.

[5] CARMAGNOLA F，CENA F，GENA C. User Modeling in the Social Web. LNCS：Knowledge-Based Intelligent Information and Engineering Systems. Berlin/Heidelberg：Springer，2008

[6] MATHES A. Folksonomies-cooperative classification and communication through shared metadata. http: //adammathes.com/academic/computer-mediated-communication/folksonomies.html [2008-10-02].

[7] QUINTARELLI E. Folksonomies：Power to the People.ISKO Italy-UniMIB Meeting，Milan，2005.

[8] XU Y，ZHANG L. Personalized Information Service Based on Social Bookmarking. LNCS：Digital Libraries：Implementing Strategies and Sharing Experiences. Berlin/Heidelberg：Springer，2005：475-476.

[9] NOLL M G，MEINEL C. Exploring Social Annotations for Web Document Classification. Proceedings of the 2008 ACM Symposium on Applied Computing. New York：ACM，2008：2315-2320.

[10] YEUNG C A，GIBBINS N，SHADBOLT N. A Study of User Profile Generation from Folksonomies. Workshop on Social Web and Knowledge Management at the 17th International Conference on World Wide Web，Beijing，2008.

[11] KELLER R M，WOLFE R R，CHEN J R，et al. A Bookmarking Service for Organizing and Sharing URLs. Selected Papers from the Sixth International Conference on World Wide Web. Essex：Elsevier，1997：1103-1114.

[12] BRY F，WAGNER H. Collaborative Categorization on the Web：Approach，Prototype，and Experience Report. Forschungsbericht/Research Report，2003.

[13] WAL T V. Explaining and showing broad and narrow folksonomies. http: //www.vanderwal.net/

random/entrysel. php? blog = 1635 [2008-07-10].

[14] SHIRKY C. Ontology is over-rated：categories，links and tags. http: //www.shirky.com/writings/ontology_overrated. html[2008-11-23].

[15] VUORIKARI R. Folksonomies，social bookmarking and tagging：state-of-the-art. http: //insight.eun.org/ww/en/pub/insight/misc/specialreports/folksonomies. htm[2008-11-02].

[16] WEBER J. Folksonomy and controlled vocabulary in librarything. https://www. researchgate. net/publication/238683713_Folksonomy_and_Controlled_Vocabulary_in_LibraryThing [2008-12-10].

[17] BATEMAN S. Collaborative Tagging：Folksonomy，Metadata，Visualization，E-Learning. University of Saskatchewan，2007.

[18] MARLOW C，NAAMAN M，BOYD D，et al. HT06，Tagging Paper，Taxonomy，Flickr，Academic Article，to Read. Proceedings of the 17th Conference on Hypertext and Hypermedia. New York：ACM，2006：31-40.

[19] SEGER C J. Collaborative Tagging and Folksonomies：User driven Knowledge Sharing. Poster Session on 13th Nordic Conference on Information and Documentation. Sweden：Stockholm，2007.

[20] NICOLAS A. Folksonomy：the new way to serendipity. International Journal of Digital Economics，2007，65：67-88.

[21] GOLDER S A，HUBERMAN B A. The structure of collaborative tagging systems. Journal of Information Science，2006，32（2）：198-208.

[22] WANG X，BAI R，LIAO J. Chinese Weblog Pages Classification Based on Folksonomy and Support Vector Machines. LNCS：Autonomous Intelligent Systems：Multi-Agents and Data Mining. Berlin/Heidelberg：Springer，2007，4476：309-321.

[23] NAUMAN M，HUSSAIN F. Common Sense and Folksonomy：Engineering an Intelligent Search System. Proceedings of IEEE International Conference on Information and Emerging Technologies，2007：1-6.

[24] CANALI L，ROSSI D E. Folksonomies：tags strengths，weaknesses and how to make them work. http: //www.masternewmedia.org/news/2006/02/01/folksonomies_tags_strengths_weaknesses_and. htm[2008-10-02].

[25] MERHOLZ P. Metadata for the masses. http: //www.ariadne.ac.uk/issue5/metadata-masses [2008-10-02].

[26] LEE S E，HAN S S. Qtag：Introducing the Qualitative Tagging System. Proceedings of the 18th Conference on Hypertext and Hypermedia. New York：ACM，2007：35-36.

[27] NOLL M G，MEINEL C. Authors vs. Readers：A Comparative Study of Document Metadata and Content in the WWW. Proceedings of the 2007 ACM Symposium on Document Engineering. New York：ACM，2007：177-186.

[28] NAUMAN M，HUSSAIN F. Using Personalized Web Search for Enhancing Common Sense and Folksonomy Based Intelligent Search Systems. Proceedings of the IEEE/WIC/ACM International Conference on Web Intelligence. Washington DC：IEEE Computer Society，2007：423-426.

[29] RASHID A M，ALBERT I，COSLEY D，et al. Getting to Know You：Learning New User Preferences in Recommender System. Proceedings of the 7th International Conference on

Intelligent User Interfaces. New York：ACM，2002：127-134.
[30] SCHAFER J B. Metalens：A Framework for Multi-source Recommendations. Doctoral Dissertation. University of Minnesota，2001.
[31] BURKE R. Hybird recommender systems：survey and experiments. User Modeling and User-Adapted Interaction，2002，12（4）：331-370.
[32] MAK H，KIPRINSKA I，POON J. INTIMATE：a Web-Based Movie Recommender Using Text Categorization. Proceedings of the 2003 IEEE/WIC International Conference on Web Intelligence，2003：602-605.
[33] KARYPIS G. Evaluation of Item-Based Top-*n* Recommendation Algorithms. Proceedings of the tenth International Conference on Information and Knowledge Management. New York：ACM，2001：247-254.
[34] BOHTE S M，LANGDON W B，POUTRE H L. On Current Technology for Information Filtering and User Profiling in Agent-Based Systems，Part Ⅰ：A Perspective. TA Internal， 2000.
[35] SCHAFER J B，FRANKOWSKI D，HERLOCKER J，et al. Collaborative Filtering Recommender Systems. LNCS：The Adaptive Web. Berlin/Heidelberg：Springer，2007，4321/2007：291-324.
[36] XU Z，FU Y，MAO J，et al. Towards the Semantic Web：Collaborative Tag Suggestions. Workshop on Collaborative Web Tagging at the 15th International Conference on World Wide Web， Edinburgh，2006.
[37] KOUTRIKA G，EFFENDI F A，GYÖNGYI Z，et al. Combating Spam in Tagging Systems. Proceedings of the 3rd International Workshop on Adversarial Information Retrieval on the Web. New York：ACM，2007：57-64.
[38] YAZDANI S，IVANOV I，ANALOUI M，et al. Spam fighting in social tagging systems. LNCS:SocInfo.Berlin/Heidelberg：Springer，2012，7710：448-461.
[39] TOINE B，VIVIEN P. Tagging *vs*. Controlled Vocabulary：Which is More Helpful for Book Search？Proceedings of iConference，2015：1-15.
[40] VAIDYA P，HARINARAYANA N S. The role of social tags in web resource discovery：an evaluation of user-generated keywords. Annals of Library and Information Studies（ALIS），2016，63（4）：289-297.
[41] MEZGHANI M，PÉNINOU A，ZAYANI C A，et al. Analyzing Tagged Resources for Social Interests Detection. Proceedings of the 16th International Conference on Enterprise Information Systems，Lisbonne，2014.
[42] HALPIN H，ROBU V，SHEPHERD H. The Complex Dynamics of Collaborative Tagging. Proceedings of the 16th International Conference on World Wide Web. New York：ACM，2007：211-220.
[43] FUKAMI Y，SEKIYAY T，OHMUKAI I，et al. Method of Evaluating Contents on the Basis of Community's Interest Using Data from Social Bookmark Services. The 6th International Workshop on Social Intelligence Design，Italy，2007.
[44] MENJO T，YOSHIKAWA M. Trend Prediction in Social Bookmark Service Using Time Series of Bookmarks. Workshop on Social Web Search and Mining at 17th International Conference

on World Wide Web，Beijing，2008.

[45] DUBINKO M，KUMAR R，MAGNANI J，et al. Visualizing Tags Over Time. Proceedings of the 15th International Conference on World Wide Web. New York：ACM，2006：193-202.

[46] RUSSELL T. Cloudalicious：Folksonomy over Time. Proceedings of the 6th ACM/IEEE-CS Joint Conference on Digital libraries. New York：ACM，2006：364-364.

[47] HAYNES L，SELCUKOGLU A，SUH S，et al. Tagscape：Navigating the Tag Landscape. LNCS：Human-Computer Interaction-INTERACT 2007. Berlin/Heidelberg：Springer，2008，4663/2008：264-267.

[48] JUNG H，SON M，LEE K. Folksonomy-Based Collaborative Tagging System for Classifying Visualized Information in Design Practice. LNCS：Human Interface and the Management of Information. Methods，Techniques and Tools in Information Design. Berlin/Heidelberg：Springer，2007，4557/2007：298-306.

[49] MIKA P. Ontologies are Us：A Unified Model of Social Networks and Semantics. LNCS：The Semantic Web-ISWC 2005. Berlin/Heidelberg：Springer，2005，3729/2005：522-536.

[50] SCHMITZ C，HOTHO A，JÄSCHKE R，et al. Mining Association Rules in Folksonomies. Studies in Classification，Data Analysis，and Knowledge Organization：Data Science and Classification-Part Ⅵ. Berlin/Heidelberg：Springer，2006：261-270.

[51] HOTHO A，JÄSCHKE R，SCHMITZ C，et al. Information Retrieval in Folksonomies：Search and Ranking. LNCS：The Semantic Web：Research and Applications. Berlin/Heidelberg：Springer，2006，4011/2006：411-426.

[52] HOTHO A，JÄSCHKE R，SCHMITZ C，et al. Trend Detection in Folksonomies. LNCS：Semantic Multimedia. Berlin/Heidelberg：Springer，2006，4306/2006：56-70.

[53] YEUNG C A，GIBBINS N，SHADBOLT N. Understanding the Semantics of Ambiguous Tags in Folksonomies. Proceedings of the International Workshop on Emergent Semantics and Ontology Evolution，Busan，2007：108-121.

[54] YEUNG C A，GIBBINS N，SHADBOLT N. Mutual Contextualization in Tripartite Graphs of Folksonomies. LNCS：The Semantic Web. Berlin/Heidelberg：Springer，2008，4825/2008：966-970.

[55] GRUBER T. Ontology of folksonomy：a mash-up of apples and oranges. http: //tomgruber.org/writing/mtsr05-ontology-of-folksonomy. htm[2008-10-02].

[56] ZHOU M，BAO S，WU X，et al. An Unsupervised Model for Exploring Hierarchical Semantics from Social Annotations. LNCS：The Semantic Web. Berlin/Heidelberg：Springer，2008，4825/2008：680-693.

[57] ABEL F，HENZE N，KRAUSE D. A Novel Approach to Social Tagging：GroupMe！Portugal：Procceding of 4th International Conference on Web Information Systems and Technologies-Volume 2，Funchal，2008：42-49.

[58] TANASESCU V，STREIBEL O. Extreme Tagging：Emergent Semantics through the Tagging of Tags. Proceedings of the International Workshop on Emergent Semantics and Ontology Evolution，Busan，2007：84-94.

[59] SCHENKEL R，CRECELIUS T，KACIMI M，et al. Social wisdom for search and

recommendation. IEEE Data Engineering Bulletin，2008，31（2）：40-49.

[60] JI A T，YEON C，KIM H N，et al. Collaborative Tagging in Recommender Systems. LNCS：AI 2007：Advances in Artificial Intelligence. Berlin/Heidelberg：Springer，2007，4830/2007：377-386.

[61] VOSS J. Collaborative thesaurus tagging the wikipedia way. http: //arxiv.org/ftp/cs/papers/0604/0604036.pdf[2008-10-07].

[62] VANDERLEI T A，DURÃO F A，MARTINS A C，et al. A Cooperative Classification Mechanism for Search and Retrieval Software Components. Proceedings of the 2007 ACM Symposium on Applied Computing. New York：ACM，2007：866-871.

[63] QUINTARELLI E，RESMINI A，ROSATI L. FaceTag：Integrating Bottom-up and Top-down Classification in a Social Tagging System. Las Vegas：ASIS&T Information Architecture Summit 2007，2007.

[64] CARCILLO F，ROSATI L. Tags for Citizens：Integrating Top-Down and Bottom-Up. Classification in the Turin Municipality Website，Online Communities and Social Computing. Berlin/Heidelberg：Springer，2007，4564/2007：256-264.

[65] GOLUB K，LYKKE M，TUDHOPE D. Enhancing social tagging with automated keywords from the Dewey Decimal Classification. Journal of Documentation，2014，70（5）：1-24.

[66] PATIL S P，VERMA D. Social tag classification using SVM. International Journal of Current Engineering and Technology，2014，4（3）：1969-1971.

[67] HEYMANN P，KOUTRIKA G，GARCIA-MOLINA H. Can Social Bookmarking Improve Web Search? Proceedings of the International Conference on Web Search and Web Data Mining. New York：ACM，2008：195-206.

[68] MORRISON P J. Tagging and searching：search retrieval effectiveness of folksonomies on the world wide web. Information Processing & Management，2008，44（4）：1562-1579.

[69] RAZIKIN K，GOH D H，CHEONG E K C，et al. The Efficacy of Tags in Social Tagging Systems. LNCS：Asian Digital Libraries. Looking Back 10 Years and Forging New Frontiers. Berlin/Heidelberg：Springer，2007，4822/2007：506-507.

[70] CARMAGNOLA F，CENA F，CONSOLE L，et al. iCITY-An Adaptive Social Mobile Guide for Cultural Events. Proceedings of the Mobile Guide Workshop，Torino，2006.

[71] CARMAGNOLA F，CENA F，CORTASSA O，et al. Towards a Tag-Based User Model：How Can User Model Benefit from Tags? LNCS：User Modeling 2007. Berlin/Heidelberg：Springer，2007，4511/2007：445-449.

[72] VAN SETTEN M，BRUSSEE R，VAN VLIET H，et al. On the Importance of "Who Tagged What". Proceedings of the Workshop on the Social Navigation and Community Based Adaptation Technologies at AH 2006. Dublin，Ireland，2006：552-561.

[73] SASAKI A，MIYATA T，INAZUMI Y，et al. Web Content Recommendation System Based on Similarities among Contents Cluster of Social Bookmark. DBWeb 2006，2006：59-66.

[74] MILLEN D R，YANG M，WHITTAKER S，et al. Social Bookmarking and Exploratory Search. ECSCW 2007：Proceedings of the 10th European Conference on Computer-Supported Cooperative Work. London：Springer，2007：21-40.

[75] WU H，ZUBAIR M，MALY K. Harvesting Social Knowledge from Folksonomies. Proceedings of the Seventeenth Conference on Hypertext and Hypermedia. New York：ACM，USA，2006：111-114.

[76] DIEDERICH J，IOFCIU T. Finding Communities of Practice from User Profiles Based on Folksonomies. Proceedings of the 1st International Workshop on Building Technology Enhanced Learning Solutions for Communities of Practice. Crete，Greece，2006.

[77] SHIRATSUCHI K，YOSHII S，FURUKAWA M. Finding Unknown Interests Utilizing the Wisdom of Crowds in a Social Bookmark Service. Proceedings of the 2006 IEEE/WIC/ACM International Conference on Web Intelligence and Intelligent Agent Technology. Washington DC：IEEE Computer Society，2006：421-424.

[78] BURT R. Structural Holes：The Social Structure of Competition. Cambridge：Harvard University Press，1992.

[79] WASSERMAN S，FAUST K. Social Network Analysis：Methods and Applications. Cambridge：Cambridge University Press，1994.

[80] WHITE H C，BOORMAN S A，BREIGER R L. Social structure from multiple networks：blockmodels of roles and positions. American Journal of Sociology，1976，81：730-779.

[81] BENZ D，TSO K H L，SCHMIDT-THIEME L. Automatic Bookmark Classification-a Collaborative Approach. Proceedings of the 2nd Workshop in Innovations in Web Infrastructure at the 15th International Conference on World Wide Web，Scotland，2006.

[82] CHOY S O，LUI A K. Web Information Retrieval in Collaborative Tagging Systems. Proceedings of the 2006 IEEE/WIC/ACM International Conference on Web Intelligence. Washington DC：IEEE Computer Socity，2006：352-355.

[83] BALDASSARRI A，CATTUTO C，LORETO V，et al. Ranking and community detection in undirected networks. http: //www.socialdynamics.it/tagora/wp-content/2007/04/talk_servedio_folkrank.pdf [2008-10-05].

[84] SHAW B. Utilizing folksonomy：similarity metadata from the Del. icio. us system. project proposal. http: //www.metablake.com/webfok/web-project.pdf [2008-10-12].

[85] MIAO G，SONG Y，ZHANG D，et al. Parallel Spectral Clustering Algorithm for Large-Scale Community Data Mining. Workshop on Social Web Search and Mining at 17th International Conference on World Wide Web，Beijing，2008.

[86] GOLLAPUDI S，KENTHAPADI K，PANIGRAHY R. Threshold Phenomena in the Evolution of Communities in Social Networks. Workshop on Social Web Search and Mining at the 18th International Conference of World Wide Web，Beijing，2008.

[87] MULLER M J. Anomalous Tagging Patterns can show Communities among Users. Poster at the 10th European Conference on Computer-Supported Cooperative Work，Limerick，2007.

[88] HAYES C，AVESANI P，VEERAMACHANENI S. An Analysis of the Use of Tags in a Blog Recommender System. Proceedings of the 20th International Joint Conference on Artificial Intelligence，Hyderabad，2007：2772-2777.

[89] PENEV A，WONG R K. Finding Similar Pages in a Social Tagging Repository. Proceeding of the 17th International Conference on World Wide Web. New York：ACM，2008：1091-1092.

[90] BARROWS R，TRAVERSO J. Search Considered Integral. Queue. New York：ACM，2006，4（4）：30-36.

[91] HAN P，WANG Z，LI Z，et al. Substitution or Complement：An Empirical Analysis on the Impact of Collaborative Tagging on Web Search. Proceedings of the 2006 IEEE/WIC/ACM International Conference on Web Intelligence. Washington DC：IEEE Computer Society，2006：757-760.

[92] NOLL M G，MEINEL C. Web Search Personalization via Social Bookmarking and Tagging. LNCS：The Semantic Web. Berlin/Heidelberg：Springer，2008，4825/2008：367-380.

[93] LEE J，HWANG S. Ranking with Tagging as Quality Indicators. Proceedings of the 2008 ACM symposium on Applied Computing. New York：ACM，2008：2432-2436.

[94] YANBE Y，JATOWT A，NAKAMURA S，et al. Social Networks：Can Social Bookmarking Enhance Search in the Web? Proceedings of the 7th ACM/IEEE-CS Joint Conference on Digital Libraries. New York：ACM，2007：107-116.

[95] YANBE Y，JATOWT A，NAKAMURA S，et al. Towards Improving Web Search by Utilizing Social Bookmarks. LNCS：Web Engineering. Berling/Heidelberg：Springer，2007，4607/2007：343-357.

[96] BAO S，WU X，FEI B，et al. Optimizing Web Search Using Social Annotations. Proceedings of the 16th International Conference on World Wide Web. New York：ACM，2007：501-510.

[97] MALIZIA A，DIX A，LEVIALDI S. Semantic Halo for Collaboration Tagging Systems. Workshop on the Social Navigation and Community-Based Adaptation Technologies，Dublin，2006.

[98] ABEL F，HENZE N，KRAUSE D. On the Effect of Group Structures on Ranking Strategies in Folksonomies. Workshop on Social Web Search and Mining at 17th International Conference on World Wide Web，Beijing，2008.

[99] JOHN A，SELIGMANN D. Collaborative Tagging and Expertise in the Enterprise. Workshop on Collaborative Web Tagging at the 15th International Conference on World Wide Web，Endiburgh，2006.

[100] IOFCIU T，FANKHAUSER P，ABEL F，et al. Identifying Users Across Social Tagging Systems. Proceedings of 5th International AAAI Conference on Weblogs and Social Media，Barcelona，2011：522-525.

[101] BASILE P，GENDARMI D，LANUBILE F，et al. Recommending Smart Tags in a Social Bookmarking System. Proceedings of the International Workshop on Bridging the Gap between Semantic Web and Web2. 0（SemNet 2007），Innsbruck，2007：22-29.

[102] CHEN A，CHEN H H，HUANG P. Predicting Social Annotation by Spreading Activation. Asian Digital Libraries. Looking Back 10 Years and Forging New Frontiers. Berlin/Heidelberg：Springer，2007，4822/2007：277-286.

[103] ALEXANDRU P，STEFANIA COSTACHE C，HANDSCHUH S，et al. PTAG：Large Scale Automatic Generation of Personalized Annotation TAGs for the Web. Proceedings of the 16th International Conference on World Wide Web. New York：ACM，2007：845-854.

[104] MISHNE G. Autotag：A Collaborative Approach to Automated Tag Assignment for Weblog

Posts. Proceedings of the 15th International Conference on World Wide Web. New York：ACM，2006：953-954.

[105] JÄSCHKE R，MARINHO L，HOTHO A，et al. Tag Recommendations in Folksonomies. LNCS：Knowledge Discovery in Databases：PKDD 2007. Berlin/Heidelberg：Springer，2007，4702/2007：506-514.

[106] MARINHO L B，SCHMIDT-THIEME L. Collaborative Tag Recommendations. Studies in Classification，Data Analysis，and Knowledge Organization：Data Analysis，Machine Learning and Applications-Part Ⅷ. Berlin/Heidelberg：Springer，2008：533-540.

[107] RENDLE S，SCHMIDT-THIEME L. Pairwise Interaction Tensor Factorization for Personalized Tag Recommendation. Proceedings of the third ACM International Conference on Web Search and Data Mining，New York，2010：81-90.

[108] BYDE A，WAN H，CAYZER S. Personalized Tag Recommendations via Tagging and Content Based Similarity Metrics. Proceedings of the International Conference on Weblogs and Social Media，Boulder，2007.

[109] WANG H，CHEN B，LI W J. Collaborative Topic Regression with Social Regularization for Tag Recommendation. 23rd International Joint Conference on Artificial Intelligence，Beijing，2013：2719-2715.

[110] YAMASAKI T，HU J，SANO S，et al. FolkPopularityRank：Tag Recommendation for Enhancing Social Popularity using Text Tags in Content Sharing Services. Proceedings of the Twenty-Sixth International Joint Conference on Artificial Intelligence，Melbourne，2017：3231-3237.

[111] ZHANG Z K，LIU C. A hypergraph model of social tagging networks. Journal of Statistical Mechanics：Theory and Experiment，2010，10：10005.

[112] ZHANG S，GE Y. Personalized tag recommendation based on transfer matrix and collaborative filtering. Journal of Computer and Communications，2015，3（9）：9-17.

[113] HSIEH W T，LAI W S，CHOU S C T. A Collaborative Tagging System for Learning Resources Sharing. Current Developments in Technology-Assisted Education-Volume Ⅱ，Badajoz：Formatex，2006：1364-1368.

[114] ADRIAN B，SAUERMANN L，ROTH-BERGHOFER T. ConTag：A Semantic Tag Recommendation System. Proceedings of I-MEDIA’ 07 and I-SEMANTICS’ 07 International Conferences on New Media Technology and Semantic Systems，Graz，2007：297-304.

[115] CALEFATO F，GENDARMI D，LANUBILE F. Towards Social Semantic Suggestive Tagging. Proceedings of the 4th Workshops on Semantic Web Applications and Perspectives，Bari，2007.

[116] SIGURBJÖRNSSON B，VAN ZWOL R. Flickr Tag Recommendation Based on Collective Knowledge. Proceeding of the 17th International Conference on World Wide Web. New York：ACM，2008：327-336.

[117] QIN H，LIU J，LIN C Y，et al. tagging users’ social circles via multiple linear regression. Informatics，2016，3（3）：1-10.

[118] KOWALD D. Modeling Cognitive Processes in Social Tagging to Improve Tag Recommendations. Proceedings of the 24th International Conference on World Wide Web，

Florence，2015：505-509.

[119] JIAO Y，CAO G. A Collaborative Tagging System for Personalized Recommendation in B2C Electronic Commerce. Proceedings of the 3rd IEEE International Conference on Wireless Communications，Networking and Mobile Computing，2007：3609-3612.

[120] XU Y，ZHANG L，LIU W. Cubic Analysis of Social Bookmarking for Personalized Recommendation. Frontiers of WWW Research and Development-APWeb 2006. Berlin/Heidelberg：Springer，2006，3841/2006：733-738.

[121] TSO-SUTTER K H L，MARINHO L B，SCHMIDT-THIEME L. Tag-aware Recommender Systems by Fusion of Collaborative Filtering Algorithms. Proceedings of the 2008 ACM Symposium on Applied Computing. New York：ACM，2008：1995-1999.

[122] PLANGPRASOPCHOK A，LERMAN K. Exploiting Social Annotation for Automatic Resource Discovery. Proceedings of AAAI Workshop on Information Integration from the Web. Menlo Park：The AAAI Press，2007：86-91.

[123] ZHENG N，LI Q. A recommender system based on tag and time information for social tagging systems. Expert Systems with Applications，2011，38（4）：4575-4587.

[124] WU D，YUAN Z，YU K，et al. Temporal Social Tagging Based Collaborative Filtering Recommender for Digital Library. Lecture Notes in Computer，2012，7634：199-208.

[125] NIWA S，DOI T，HONIDEN S. Web Page Recommender System Based on Folksonomy Mining for ITNG '06 Submissions. Proceedings of the Third International Conference on Information Technology：New Generations. Washington DC：IEEE Computer Society，2006：388-393.

[126] YIN D，GUO S，CHIDLOVSKII B，et al. Connecting Comments and Tags：Improved Modeling of Social Tagging Systems. Proceedings of the Sixth ACM International Conference on Web Search and Data Mining，Rome，2013：547-556.

[127] ZHAO Y D，CAI S M，TANG M，et al. A Fast Recommendation Algorithm for Social Tagging Systems：A Delicious Case. 2015，CoRR abs/1512. 08325.

[128] WANG J，LUO N. A new hybrid popular model for personalized tag recommendation. Journal of Computers，2016，11（2）：116-123.

[129] MICHLMAYR E，CAYZER S. Learning User Profiles from Tagging Data and Leveraging Them for Personal（Ized）Information Access. Workshop on Tagging and Metadata for Social Information Organization at the 16th International Conference of World Wide Web，Banff，2007.

[130] YANG T，CUI Y，JIN Y. BPR-UserRec：a personalized user recommendation method in social tagging systems. The Journal of China Universities of Posts and Telecommunications，2013，20（1）：122-128.

[131] PARVATHY M，RAMYA R，SUNDARAKANTHAM K，et al. Recommendation system with collaborative social tagging exploration. International Conference on Recent Trends in Information Technology，Chennai，2014.

[132] ZHANG Z，ZENG D D，ABBASI A，et al. A random walk model for item recommendation in social tagging systems. ACM Transactions on Management Information Systems，2013，4（2），1-24.

[133] BEDI P，SHARMA R. Ant-based friends recommendation in social tagging systems. International Journal of Swarm Intelligence，2015，1（4）：321-343.

[134] GUAN Z，WANG C，BU J，et al. Document Recommendation in Social Tagging Services. Proceedings of the 19th International Conference on World Wide Web，Raleigh，2010：391-400.

[135] MISAGHIAN N，JALALI M，MOATTAR M H. Resource Recommender System Based on Tag and Time for Social Tagging System. 3th International eConference on Computer and Knowledge Engineering，Mashhad，2013.

[136] HTUN Z，TAR P P. A resource recommender system based on social tagging data. Machine Learning and Applications：An International Journal，2014，1（1）：1-11.

[137] DEEPAK G，PRIYADARSHINI S. A hybrid framework for social tag recommendation using context driven social information. International Journal of Social Computing and Cyber-Physical Systems，2016，1（4）：312-325.

[138] LI H，HU X，LIN Y，et al. A social tag clustering method based on common co-occurrence group similarity. Frontiers of Information Technology & Electronic Engineering，2016，17（2）：122-134.

[139] WU H，HUA Y，LI B，et al. Towards Recommendation to Trust-Based User Groups in Social Tagging Systems. 10th International Conference on Fuzzy Systems and Knowledge Discovery，Shenyang，2013.

[140] LARRAIN S，TRATTNER C，PARRA D，et al. Good Times Bad Times：A Study on Recency Effects in Collaborative Filtering for Social Tagging. Proceedings of the 9th ACM Conference on Recommender Systems，New York，2015：269-272.

[141] LACIC E，KOWALD D，SEITLINGER P，et al. Recommending Items in Social Tagging Systems Using Tag and Time Information. Proceedings of the 25th ACM Conference on Hypertext and Social Media，Santiago，2014：308-310.

[142] ECK D，LAMERE P，BERTIN-MAHIEUX T，et al. Automatic Generation of Social Tags for Music Recommendation. Twenty-First Annual Conference on Neural Information Processing Systems Conference，Vancouver，2007.

[143] SZOMSZOR M，CATTUTO C，ALANI H，et al. Folksonomies，the Semantic Web，and Movie Recommendation. Proceedings of 4th European Semantic Web Conference. Bridging the Gap between Semantic Web and Web 2. 0，Innsbruck，2007.

[144] SANTOS-NETO E，RIPEANU M，IAMNITCHI A. Content Reuse and Interest Sharing in Tagging Communities. Technical Notes of the AAAI 2008 Spring Symposia-Social Information Processing，Stanford，2008.

[145] ANKOLEKAR A，KRÖTZSCH M，TRAN T，et al. The Two Cultures：Mashing up Web 2. 0 and the Semantic Web. Proceedings of the 16th International Conference on World Wide Web，New York：ACM，2007：825-834.

[146] GRUBER T. Collective knowledge systems：where the social web meets the semantic web. Journal of Web Semantics，2008，6（1）：4-13.

[147] YI K. A semantic similarity approach to predicting Library of Congress subject headings for social tags. Journal of the American Society for Information Science and Technology，2010，61（8）：

1658-1672.

[148] ABERER K，CUDRE-MAUROUX P，OUKSEL A，et al. Emergent Semantics Principles and Issues. LNCS：Database Systems for Advanced Applications. Berlin/Heidelberg：Springer，2004，2973/2004：25-38.

[149] KOME S H. Hierarchical Subject Relationships in Folksonomies. Master's Thesis. School of Information and Library Science，University of North Carolina at Chapel Hill. Chapel Hill，USA，2005.

[150] WU X，ZHANG L，YU Y. Exploring Social Annotations for the Semantic Web. Proceedings of the 15th International Conference on World Wide Web. New York：ACM，2006：417-426.

[151] HARUECHAIYASAK C，DAMRONGRAT C. Improving Social Tag-Based Image Retrieval with CBIR Technique. Proceedings of 12th International Conference on Asian Digital Libraries，Golden Coast，2010：212-215.

[152] BROOKS C H，MONTANEZ N. Improved Annotation of the Blogosphere via Autotagging and Hierarchical Clustering. Proceedings of the 16th International Conference on World Wide Web，New York：ACM，2006：625-632.

[153] CHRISTIAENS S. Metadata Mechanisms：From Ontology to Folksonomy … and Back. LNCS：On the Move to Meaningful Internet Systems 2006：OTM 2006 Workshops. Berlin/Heidelberg：Springer，2006，4277/2006：199-207.

[154] LI R，BAO S H，FEI B，et al. Towards Effective Browsing of Large Scale Social Annotations. Proceedings of the 16th International Conference on World Wide Web. New York：ACM，2007：943-952.

[155] CATTUTO C，BENZ D，HOTHO A，et al. Semantic Analysis of Tag Similarity Measures in Collaborative Tagging Systems. Proceedings of the 3rd Workshop on Ontology Learning and Population，Patras，2008.

[156] AURNHAMMER M，HANAPPE P，STEELS L. Augmenting Navigation for Collaborative Tagging with Emergent Semantics. LNCS：The Semantic Web-ISWC 2006. Berlin/Heidelberg：Springer，2006，4273/2006：58-71.

[157] KIM H L，HWANG S H，KIM H G. FCA-Based Approach for Mining Contextualized Folksonomy. Proceedings of the 2007 ACM Symposium on Applied Computing.New York：ACM，2007：1340-1345.

[158] RONZANO F，MARCHETTI A，TESCONI M，et al. Tagpedia：a Semantic Reference to Describe and Search for Web Resources. Workshop on Social Web and Knowledge Management at 17th International Conference on World Wide Web，Beijing，2008.

[159] LAMBIOTTE R，AUSLOOS M. Collaborative Tagging as a Tripartite Network. LNCS：Computational Science-ICCS 2006，2006，3993/2006：1114-1117.

[160] SANTOS-NETO E，RIPEANU M，IAMNITCHI A. Tracking User Attention in Collaborative Tagging Communities. Proceedings of the International ACM/IEEE Workshop on Contextualized Attention Metadata：Personalized Access to Digital Resources，Vancouver，2007.

[161] HEYMANN P，GARCIA-MOLINAY H. Collaborative Creation of Communal Hierarchical

Taxonomies in Social Tagging Systems. Technical Report InfoLab. Department of Computer Science. Stanford：Stanford University，2006.

[162] BEGELMAN G，KELLER P，SMADJA F. Automated Tag Clustering：Improving Search and Exploration in the Tag Space. Workshop on Collaborative Web Tagging at 15th International Conference on World Wide Web，Endiburgh，2006.

[163] WAGNER C，SINGER P，STROHMAIER M，et al. Semantic stability in Social Tagging Streams. Proceedings of the 23rd International Conference on World Wide Web，Seoul，2014：735-746.

[164] LANIADO D，EYNARD D，COLOMBETTI M. A Semantic Tool to Support Navigation in a Folksonomy. Proceedings of the Eighteenth Conference on Hypertext and Hypermedia. New York：ACM，2007：153-154.

[165] SPECIA L，MOTTA E. Integrating Folksonomies with the Semantic Web. LNCS：The Semantic Web：Research and Applications. Berlin/Heidelberg：Springer，2007，4519/2007：624-639.

[166] LEE K，KIM H，JANG C，et al. FolksoViz：A Subsumption-Based Folksonomy Visualization Using Wikipedia Texts. Proceeding of the 17th International Conference on World Wide Web. New York：ACM，2008：1093-1094.

[167] SINGH P，LIN T，MUELLER E，et al. Open Mind Common Sense：Knowledge Acquisition from the General Public. LNCS：On the Move to Meaningful Internet Systems，2002-DOA/CoopIS/ODBASE 2002 Confederated International Conferences DOA，CoopIS and ODBASE 2002. London：Spring-Verlag，2002，2519：1223-1237.

[168] LIU H，SINGH P. ConceptNet：a practical commonsense reasoning tool-kit. BT Technology Journal，2004，22（4）：211-226.

[169] NAUMAN M，KHAN S，AMIN M，et al. Resolving Lexical Ambiguities in Folksonomy Based Search Systems through Common Sense and Personalization. Proceedings of the Workshop on Semantic Search at the 5th European Semantic Web Conference，Tenerife，2008：2-13.

[170] MARCHETTI A，TESCONI M，RONZANO F，et al. SemKey：A Semantic Collaborative Tagging System. Proceedings of the 16th International Conference on World Wide Web. New York：ACM，2007：825-834.

[171] GENDARMI D，LANUBILE F. Community-Driven Ontology Evolution Based on Folksonomies. LNCS：On the Move to Meaningful Internet Systems 2006：OTM 2006 Workshops. Berlin/Heidelberg：Springer，2006，4277/2006：181-188.

[172] MOTE N. The new school of ontologies. http: //www.isi.edu/～mote/papers/Folksonomy. html [2008-10-13].

[173] SCHMITZ P. Inducing Ontology from Flickr Tags. Proceedings of Collaborative Web Tagging Workshop at the 15th International Conference on World Wide Web，Edinburgh，2006.

[174] USCHOLD M，JAPSPER R. A Framework for Understanding and Classifying Ontology Applications. Proceedings of the IJCAI 1999 Workshop on Ontologies and Problem-Solving Methods，Stockholm，1999.

[175] DAVIS H C，AL-KHALIFA H S，GILBERT L. Creating Structure from Disorder：Using Folksonomies to Create Semantic Metadata. Proceedings of the 3rd International Conference on

Web Information Systems and Technologies，Barcelona，2007.
[176] VAN DAMME C，COENEN T，VANDIJCK E. Turning a Corporate Folksonomy into a Lightweight Corporate Ontology. Lecture Notes in Business Information Processing：Business Information Systems-Part 2. Berlin/Heidelberg：Springer，2008，7：36-47.
[177] VAN DAMME C，CHRISTIAENS S，VANDIJCK E. Building an Employee-driven CRM Ontology. Proceedings of the IADIS Multi Conference on Computer Science and Information Systems（MCCSIS）：E-society 2007，Lisbon，2007：330-334.
[178] SINGH A V，WOMBACHER A，ABERER K. Personalized Information Access in a Wiki Using Structured Tagging. LNCS：On the Move to Meaningful Internet Systems 2007：OTM 2007 Workshops. Berlin/Heidelberg：Springer，2007，4805/2007：427-436.
[179] YANG J，MATSUO Y，ISHIZUKA M. An Augmented Tagging Scheme with Triple Tagging and Collective Filtering. Proceedings of the IEEE/WIC/ACM International Conference on Web Intelligence. Washington DC：IEEE Computer Society，2007：35-38.
[180] KIM H L，BRESLIN J G，YANG S，et al. Social Semantic Cloud of Tag：Semantic Model for Social Tagging. LNCS：Agent and Multi-Agent Systems：Technologies and Applications. Berlin/Heidelberg：Springer，2008，4953/2008：83-92.
[181] ALRUQIMI M，AKNIN N. Semantic emergence from social tagging systems. International Journal of Organizational and Collective Intelligence，2015，5（1）：16-31.
[182] SRIHAREE G. An ontology-based approach to auto-tagging articles. Vietnam Journal of Computer Science，2015，2（2）：85-94.
[183] WAN C，KAO B，CHEUNG D W. Location-Sensitive Resources Recommendation in Social Tagging Systems. Proceedings of the 21st ACM International Conference on Information and Knowledge Management，Maui，2012：1960-1964.
[184] BONAQUE R，CAUTIS B，GOASDOUÉ F，et al. Social，Structured and Semantic Search. Proceedings of 19th International Conference on Extending Database Technology，Bordeaux，2016：29-40.
[185] ALHAMID M F. Towards Context-Aware Personalized Recommendations in an Ambient Intelligence Environment. Ottawa：University of Ottawa，2015.
[186] CHERUBINI M，GUTIERREZ A，OLIVEIRA R，et al. Social Tagging Revamped：Supporting the Users' Need of Self-promotion through Persuasive Techniques. Proceedings of the SIGCHI Conference on Human Factors in Computing Systems，Atlanta，2010：985-994.
[187] QIAN X，LU D，WANG Y，et al. Tag-Based image search by social re-ranking. IEEE Transactions on Multimedia，2016，18（8）：1628-1639.
[188] CUI C，SHEN J，MA J，et al. Social tag relevance estimation via ranking-oriented neighbour voting. Proceedings of the 23rd ACM International Conference on Multimedia，New York，2015：895-898.
[189] LI X，URICCHIO T，BALLAN L，et al. Socializing the semantic gap：a comparative survey on image tag assignment，refinement and retrieval. ACM Computing Surveys，2016，49（1）：1-39.
[190] RUI Y，LU H，YANG K，et al. Tagging Personal Photos with Transfer Deep Learning.

Proceedings of the 24th International Conference on World Wide Web，Florence，2015：344-354.
[191] GOLBECK J，KOEPFLER J，EMMERLING B. An experimental study of social tagging behavior and image content. Journal of the American Society for Information Science and Technology，2011，62（9）：1750-1760.
[192] PIROLLI P，KAIRAM S. A knowledge-tracing model of learning from a social tagging system. User Modeling and User-Adapted Interaction，2013，23（2-3）：139-168.
[193] ZAINA L A M，RODRIGUES JÚNIOR J F，DO AMARAL A R. Social Tagging for E-Learning：an Approach Based on the Triplet of Learners，Learning Objects and Tags. Communications in Computer and Information Science：International Workshop on Learning Technology for Education in Cloud，2015，533：104-115.
[194] TU C H，YEN C J，BLOCHER M，et al. Integrate social tagging to build an online collaborative learning community. International Journal of Innovation in Education，2016，3(2-3)：156-171.
[195] DAMIANOS L E，CUOMO D，GRIFFITH J，et al. Exploring the Adoption，Utility，and Social Influences of Social Bookmarking in a Corporate Environment. Proceedings of the 40th Annual Hawaii International Conference on System Sciences. Washington DC：IEEE Computer Socity，2007：86.
[196] MILLEN D R，FEIBERG J，KERR B. Dogear：Social Bookmarking in the Enterprise. Proceedings of the SIGCHI Conference on Human Factors in Computing Systems.New York：ACM，2006：111-120.
[197] FARRELL S，LAU T，NUSSER S. Building Communities with People-Tags. LNCS：Human-Computer Interaction-INTERACT 2007. Berlin/Heidelberg：Springer，2008，4663/2008：357-360.
[198] BIANCALANA C，GASPARETTI F，MICARELLI A，et al. Social Tagging for Personalized Location-Based Services. Proceedings of the 2nd International Workshop on Social Recommender Systems，Hangzhou，2011：1-9.
[199] ALDUCIN-QUINTERO G，CONTERO M. Social tagging as a knowledge collecting strategy in the engineering design change process. Art，Design and Communication in Higher Education. 2012，10（2）：146-162.
[200] NAM H，KANNAN P K. The informational value of social tagging Networks. Journal of Marketing，2014，78（4）：21-40.
[201] NAM H，JOSHI Y V，KANNAN P K. Harvesting brand information from social tags. Journal of Marketing，2017，81（4）：88-108.
[202] BINKOWSKI P J. The Effect of Social Proof on Tag Selection in Social Bookmarking Applications. Master's Thesis. Chapel Hill：School of Information and Library Science，University of North Carolina at Chapel Hill，2006.
[203] JIANG T. A Clickstream Data Analysis of Users' Information Seeking Modes in Social Tagging Systems. Proceedings of iConference 2014，Berlin，2014：314-328.
[204] PAN X，HE S，ZHU X，et al. How users employ various popular tags to annotate resources in social tagging：an empirical study. Journal of the Association for Information Science and

Technology，2016，67（5）：1121-1137.

[205] MARCHIORI P Z，APPEL A L，BETTONI E M，et al. Elements of social representation theory in collaborative tagging systems. TransInformação，2014，26（1）：27-37.

[206] KOWALD D，LEX E. The Influence of Frequency，Recency and Semantic Context on the Reuse of Tags in Social Tagging Systems. Proceedings of the 27th ACM Conference on Hypertext and Social Media.New York：ACM，2016：237-242.

[207] DOERFEL S，ZOLLER D，SINGER P，et al. Evaluating Assumptions about Social Tagging：A Study of User Behavior in BibSonomy. Proceedings of the LWA 2014 Workshops，Aachen，2014：18-19.

[208] PARK J，FUKUHARA T，OHMUKAI I，et al. Web Content Summarization Using Social Bookmarking Service. NII Technical Report. National Institute of Informatics of Japan，2008.

[209] CHI E H，MYTKOWICZ T. Understanding Navigability of Social Tagging Systems. Proceedings of the SIGCHI Conference on Human Factors in Computing Systems，San Jose，2007.

[210] BASLEM A，BAJAHZAR A. Impact of using social tag system in digital library. Journal of Current Computer Science and Technology，2015，5（2）：9-11.

[211] JUNG J J. Understanding information propagation on online social tagging systems：a case study on flickr. Quality and Quantity，2014，48（2）：745-754.

[212] PUGLISI S，PARRA-ARNAU J，FORNÉ J，et al. On content-based recommendation and user privacy in social-tagging systems. Computer Standards & Interfaces，2015，41：17-27.

[213] LASIĆ-LAZIĆ J，ŠPIRANEC S，IVANJKO T. Tag-resource-user：a review of approaches in studying folksonomies. Qualitative and Quantitative Methods in Libraries，2015，4（3）：699-707.

[214] DENEGRI-KNOTT J，TAYLOR J. The labeling game：a conceptual exploration of deviance on the internet. Social Science Computer Reviews，2005，23（1）：93-107.

[215] FIRAN C S，NEJDL W，PAIU R. The Benefit of Using Tag-Based Profiles. Proceedings of the 2007 Latin American Web Conference. Washington DC：IEEE Computer Society，2007：32-41.

[216] GROSKY W I，SREENATH D V，FOTOUHI F. Emergent Semantics and the Multimedia semantic Web. ACM SIGMOD Record，2002，31（4）：54-58.

[217] JIM G. Internet encyclopaedias go head to head. Nature，2005，438（7070）：900.

[218] HAN J，KAMBER M. Data Mining：Concepts and Techniques.2nd ed. San Diego：Morgan Kaufmann，2006：467-589.

[219] CAPOCCI A，CALDARELLI G. Folksonomies and clustering in the collaborative system CiteULike. Journal of Physics A：Mathematical and Theoretical，2008，41（22）：1-7.

[220] SHEN K，WU L. Folksonomy as a Complex Network. Departament of Computer Science.Shangai：Fudan University，2005.

[221] PALLA G，DERENYI I，FARKAS I，et al. Uncovering the overlapping community structure of complex netowrks in nature and society. Nature，2005，435：814-818.

[222] CIRO C，CHRISTOPH S，ANDREA B，et al. Network properties of folksonomies. AI Communications，2007，20（4）：245-262.

[223] BOCCALETTI S，LATORA V，MORENO Y，et al. Complex networks：structure and dynamics. Physics Reports，2006，424（4-5）：175-308.

[224] SALTON G，BUCKLEY C. Term-weighting approaches in automatic retrieval. Information Processing and Management，1988，24（5）：513-523.

[225] SARWAR B，KARYPIS G，KONSTAN J，et al. Item-Based Collaborative Filtering Recommendation Algorithms. Proceedings of the 10th International Conference on World Wide Web. New York：ACM，2001：285-295.

[226] FELLBAUM C. WordNet：An Electronic Lexical Database. Cambridge：MIT Press，1998.

[227] VOORHEES E M. Query Expansion Using Lexical-Semantic Relations. Proceedings of the 17th Annual International ACM SIGIR Conference on Research and Development in Information Retrieval. New York：Springer-Verlag，1994：61-69.